# 精进 Excel 图表

## 成为 Excel 图表高手

周庆麟　　周奎奎◎编著

U0202840

北京大学出版社

PEKING UNIVERSITY PRESS

# 内 容 提 要

本书以实际工作流程为主线，融合了"大咖"多年积累的设计经验和高级技巧，帮助读者打破固化思维，成为办公达人。

本书共分为 9 章。首先分析普通人制作 Excel 图表效率低下的原因，展现高手们的思维和习惯，让读者了解成为图表高手的最佳学习路径。然后以"大咖"的逻辑思维为主线，分别介绍走出 Excel 图表制作误区、成为图表高手的技术准备、让图表颜值美出新高度、基础图表的逆袭、高级图表制作技巧解密、动态交互图表等内容，让读者由简到繁地学会制作 Excel 图表，其中两个综合案例的实战操作，让读者厘清思路，达到高手境界。最后介绍常用的学习资源及图表工具，让用户能又快又好地制作图表。

本书适合有一定 Excel 图表基础并想快速提升 Excel 图表技能的读者学习使用，也可以作为计算机办公培训班高级版的教材。当然，初学者也可以在掌握 Excel 图表基础操作后直接学习本书。

## 图书在版编目（ＣＩＰ）数据

精进 Excel 图表：成为 Excel 图表高手 / 周庆麟，周奎奎编著 . —— 北京：北京大学出版社，2019.9
ISBN 978-7-301-30708-3

Ⅰ . ①精… Ⅱ . ①周… ②周… Ⅲ . ①表处理软件Ⅳ . ① TP391.13

中国版本图书馆 CIP 数据核字 (2019) 第 181473 号

| | | |
|---|---|---|
| 书　　　　名 | 精进 Excel 图表：成为 Excel 图表高手 | |
| | JINGJIN EXCEL TUBIAO：CHENGWEI EXCEL TUBIAO GAOSHOU | |
| 著作责任者 | 周庆麟　周奎奎　编著 | |
| 责 任 编 辑 | 吴晓月　刘沈君 | |
| 标 准 书 号 | ISBN 978-7-301-30708-3 | |
| 出 版 发 行 | 北京大学出版社 | |
| 地　　　址 | 北京市海淀区成府路 205 号　100871 | |
| 网　　　址 | http://www. pup. cn　新浪微博：@ 北京大学出版社 | |
| 电 子 信 箱 | pup7@ pup. cn | |
| 电　　　话 | 邮购部 010-62752015　发行部 010-62750672　编辑部 010-62570390 | |
| 印 刷 者 | 北京大学印刷厂 | |
| 经 销 者 | 新华书店 | |
| | 787 毫米 ×1092 毫米　16 开本　17.5 印张　460 千字 | |
| | 2019 年 9 月第 1 版　2019 年 9 月第 1 次印刷 | |
| 印　　　数 | 1—4000 册 | |
| 定　　　价 | 79.00 元 | |

# Excel图表 / 不好看的图表千奇百怪
好看的图表道理都一样

## 为什么写这本书？

很多人认为自己经常制作Excel图表，称得上"老手"，但处理图表时却屡屡碰壁，原因不外乎只看到"表象"，没有看透"本质"，看一下下面几点，你"中招"了没？

1. 把所有数据都添加到图表中，数据多时看起来十分混乱。
2. 认为图表颜色越艳丽越好，这样看起来更美观。
3. 图表类型随意用，不会选择合适的图表类型。
4. 看到他人因处理图表效率高、数据分析精准，而得到上级领导赏识，感觉不甘心，却不知问题出在哪。

本书汇集了多位"大咖"Excel图表的处理经验，优中取优，帮助读者冲破固化思维牢笼、开阔视野、精准把控办公高手的实操思路，彻底做好Excel 图表。

## 本书的特点是什么？

1. 本书有"大咖"成熟的Excel 图表设计制作思路，高效处理图表配色的大招，更有鲜为人知的私密技法。
2. 本书从实际出发，面向工作、生活和学习，解决Excel 图表制作中可能遇到的各类难题，搞定各类图表势如破竹。
3. 本书拒绝死板的文字描述和大量的操作步骤，阅读更轻松、内容更活泼、形象、有趣。
4. 本书配有视频，各类技巧搭配视频教学，用手机扫描二维码即可随时观看。
5. 本书配有检测练习，帮助读者检验学习效果。遇到问题怎么办？不用担心，扫描后方对应二维码可查看高手思路。

## 本书都写了些什么?

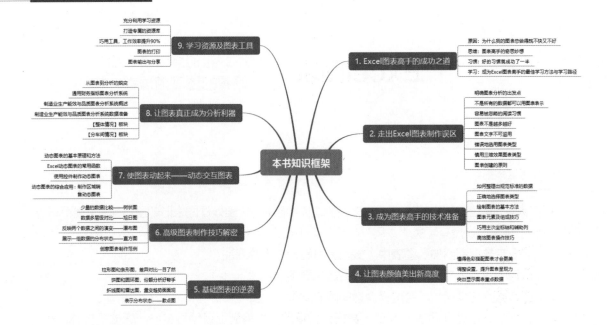

本书知识框架

- 9. 学习资源及图表工具
  - 充分利用学习资源
  - 打造专属的资源库
  - 巧用工具,工作效率提升90%
  - 图表的打印
  - 图表输出与分享

- 8. 让图表真正成为分析利器
  - 从图表到分析的蜕变
  - 通用财务指标图表分析系统
  - 制造业生产能效与品质图表分析系统概述
  - 制造业生产能效与品质图表分析系统数据准备
  - 【整体情况】板块
  - 【分车间情况】板块

- 7. 使图表动起来——动态交互图表
  - 动态图表的基本原理和方法
  - Excel动态图表的常用函数
  - 使用控件制作动态图表
  - 动态图表的综合应用:制作区域销售动态图表

- 6. 高级图表制作技巧解密
  - 少量的数据比较——树状图
  - 数据多层级对比——旭日图
  - 反映两个数据之间的演变——瀑布图
  - 展示一组数据的分布形态——直方图
  - 创意图表制作范例

- 5. 基础图表的逆袭
  - 柱形图和条形图,差异对比一目了然
  - 饼图和圆环图,份额分析好帮手
  - 折线图和面积图,最变趋势强面观
  - 表示分布状态——散点图

- 1. Excel图表高手的成功之道
  - 原因:为什么我的图表总做得既不快又不好
  - 思维:图表高手的逆思想
  - 习惯:好的习惯就成功了一半
  - 学习:成为Excel图表高手的最佳学习方法与学习路径

- 2. 走出Excel图表制作误区
  - 明确图表分析的出发点
  - 不是所有的数据都可以用图表表示
  - 容易被忽略的阅读习惯
  - 图表不是越多越好
  - 图表文字不可滥用
  - 错误地选用图表类型
  - 慎用三维效果图表类型
  - 图表创建的要则

- 3. 成为图表高手的技术准备
  - 如何整理出规范标准的数据
  - 正确地选择图表类型
  - 绘制图表的基本方法
  - 图表元素与组成技巧
  - 巧用主次坐标轴和辅助列
  - 高效图表操作技巧

- 4. 让图表颜值美出新高度
  - 懂得色搭配图表才会更美
  - 调型设置,提升图表呈现力
  - 突出显示图表重点数据

## 您能通过这本书学到什么?

(1) 高手制作Excel图表的思路及成为图表高手的学习方法。

(2) 了解常见的图表制作误区,学会如何走出这些误区。

(3) 选择图表、创建图表、设置图表元素等常用的Excel图表技术。

(4) 美化图表,制作出更专业、更具商务气质的图表。

(5) 将基础图表改造成个性、大气、美观、典型的图表的方法。

(6) 3D图表、树状图、旭日图、瀑布图、直方图及创意图表的制作方法。

(7) 使用控件与函数结合制作动态图表的高手方法与技巧。

(8) 通过两个完整案例,学会通过调用公式、函数、VBA等功能,制作出大型图表。

(9) 学会利用学习资源和工具提升工作效率及图表的打印技巧。

## 注意事项

1. 适用软件版本。

本书所有操作均依托Excel 2016软件，但本书介绍的方法和设计精髓也适用于之前的Excel 2013/2010/ 2007版本及最新的Excel 2019版本。

2. 菜单命令与键盘指令。

本书在写作中，当需要介绍软件界面的菜单命令或是键盘按键时，会使用"【】"符号。例如，介绍组合图形时，会描述为单击【组合】按钮。

3. 高手自测。

本书配有测试题。建议读者根据题目，回顾当章内容，思考后动手操作，最后再扫码查看参考答案。

4. 二维码形式。

 扫一扫，可观看教学视频。

温馨提示：

使用微信"扫一扫"功能，扫描每节对应的二维码，根据提示进行操作，关注"千聊"公众号，点击"购买系列课¥0"按钮，支付成功后返回视频页面，即可观看相应的教学视频。

## 除了书，您还能得到什么？

1. 本书配套的素材文件和结果文件。
2. Excel图表案例操作教程教学视频。
3. 10招精通超级时间整理术教学视频。
4. 5分钟教你学会番茄工作法教学视频。
5. 1000个Office常用模板。

如果操作中遇到难题，请查看"Excel图表案例操作教程教学视频"；如果你还不会充分利用时间，请查看"10招精通超级时间整理术教学视频""5分钟教你学会番茄工作法教学视频"。

以上资源，可通过扫描左侧二维码，关注"博雅读书社"微信公众号，找到"资源下载"栏目，根据提示获取。

温馨提示：

1. 从百度云盘下载超大资源，需要登录百度云盘账号。

2. 普通用户不能直接在百度云盘解压文件，需下载后再解压文件，会员支持云解压。

## 看到不明白的地方怎么办？

1. 龙马高新教育网龙马社区发帖交流：http://www.51pcbook.cn。

2. 发送E-mail到读者信箱：march98@163.com。

## 本书作者

本书由周庆麟、周奎奎编著，刘华、羊依军参与编写。在本书编写过程中，我们竭尽所能呈现最好、最全的实用功能，但仍难免有疏漏和不妥之处，敬请广大读者指正。

# 1

# 唯彻悟，成大道：Excel图表高手的成功之道

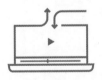

　　今天的职场，已经是数据和图表的天下。一位商业领袖曾说过："给我10页的报告，必须有9页是数据和图表分析，还有1页是封面。"这句话或许有些过头，却说明了数据和图表的重要性。

　　图表具有直观形象的优点，能一目了然地反映数据的特点和内在规律。所谓"文不如表，表不如图"，其实就是说能用表格的就不要用文字，能用图的就不要用表格。

　　可是，在平时的工作中，见到的基本都是一些平庸、粗糙的图表。而那些精美、专业的图表，似乎只能在商业杂志或咨询报告中看到，永远只是别人的图表。

效率，是人们平时追求的目标之一！同样是做图表，有的人总是能又快又好地完成，每天不仅按时下班，还能得到领导的赏识；有的人每天加班，有做不完的工作，却总被领导批评。问题到底出在哪里？

## 1 不懂 Excel

很多人连最基本的 Excel 问题都不会解决，根本原因是不懂 Excel，觉得 Excel 没什么用处，就是做几个表格而已。其实，每一个软件都有它的用处，只有精通，才能掌握其精髓，在工作中发挥其优势。利用好了 Excel，尤其是用 Excel 做图表，不仅可以提高工作效率，而且能在同事有问题时伸出援手，更重要的是，一份好的 Excel 图表文件或许可以留住一个客户！

下图所示为一个雷达图，这样一张杂乱、不清晰、没有重点的图表，领导是不会满意的。

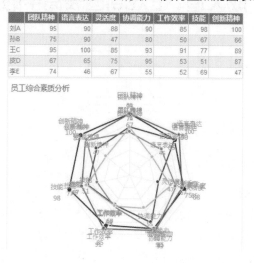

| | 团队精神 | 语言表达 | 灵活度 | 协调能力 | 工作效率 | 技能 | 创新精神 |
|---|---|---|---|---|---|---|---|
| 刘A | 95 | 90 | 88 | 90 | 85 | 98 | 100 |
| 孙B | 75 | 90 | 47 | 80 | 50 | 67 | 66 |
| 王C | 95 | 100 | 85 | 93 | 91 | 77 | 89 |
| 庞D | 67 | 65 | 75 | 95 | 53 | 51 | 87 |
| 李E | 74 | 46 | 67 | 55 | 52 | 69 | 47 |

## 2 不会调整数据

也许有人会说，不就是数据吗？数据不对，可以改啊。是的，数据可以改，但修改数据需要多长时间？并且修改后的数据对作图是否真的有用？下图所示为一个普通的柱形图。

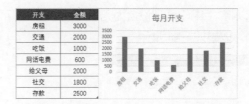

如何修改上图中的数据，才能让图表美观又清晰？答案是添加辅助数据，将"金额"列的数据拆分为两列，第1列是金额列与固定值的差值，第2列是固定值，这样调整就可做出别具一格的图表，如下图所示。

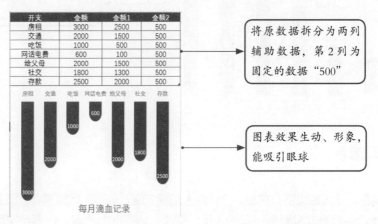

将原数据拆分为两列辅助数据，第2列为固定的数据"500"

图表效果生动、形象，能吸引眼球

## ③ 不会修改图表

图表，不是做出来就算完了，还要看做出来的图表是不是能够很好地传递要表达的意思，别人是不是能看懂；如果出现了问题，要怎样快速地修改图表，将其修改为一个比较完美的图表。下图所示的图表是为了展示两列数据的对比，但目标系列值相同，效果不明显。

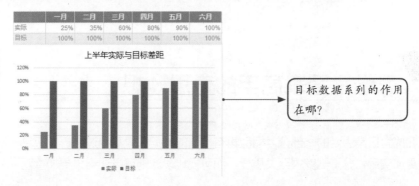

目标数据系列的作用在哪？

为了增强对比效果，可以将"目标"系列设置为无填充，并将"实际"系列和"目标"系列重叠，这样看起来更直观、更准确。效果如下图所示。

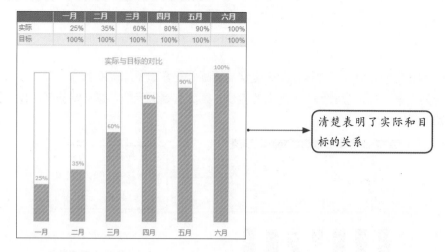

清楚表明了实际和目标的关系

## 4  不会搭配颜色

好的颜色搭配，让人感觉赏心悦目，这就像人们穿衣服，有的人虽然穿着几十元一身的衣服，但颜色搭配得当，看起来非常舒服；有的人虽然穿着价值不菲的衣服，但颜色搭配不协调，看起来也不美观。图表同样如此，好的颜色搭配，定能迅速吸引他人眼球，让领导或客户眼前一亮。

## 5  业务不熟练

业务不熟练，如果不能准确表达用户的需求，就算做出来的图表再漂亮，那也是一个失败的图表。

# 1.2  思维：图表高手的奇思妙想

教学视频

数据正在成为日常生活的一部分。然而，再有价值的数据如果不经过分析也只是一堆数据而已。要想让数据更加实用，分析则变得至关重要，而可视化设计则可以让结果更加直观。

总之，数据可视化可以加快数据的处理速度，提高人与数据、人与人之间的沟通效率，从而使人们更加轻松地观察到数据中隐含的规律。

## 1 图表是商务沟通的有效工具

设计精良的图表能给读者带来愉悦的阅读体验，时刻向对方传达专业的信息。一个好的图表可以用于文字沟通、语言沟通，乃至多媒体沟通等诸多方面。

当然，一个好的图表并非是一味地追求复杂。相反，越简单的图表，越能让人快速理解数据，这才是数据可视化最重要的目的和最高追求，如下图所示。

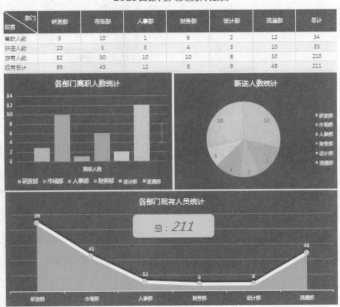

## 2 懂业务更要懂图表

图表在现代商务办公中是非常重要的，做总结报告、商务演示、招投标方案等，几乎无时无刻都离不开数据图表的应用。要想打动领导或者征服客户，真实可信的数据非常重要，图表是清晰呈现数据的最有力工具。

并非只有专业的分析人员才会使用图表，无论从事什么工作，图表的应用都是必不可少的。学会制作专业的商务图表，一个很小的操作就可能给工作带来巨大转机。

下图所示的折线图，就能很清楚地表示 2018 年各月份的销售数据变化情况。

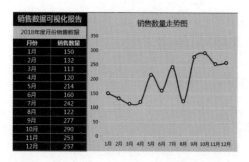

下图所示为直方图，主要用于展示某公司全体员工年终评分的分段情况。

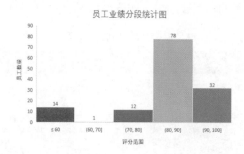

## 3 用最经济有效的工具做专业图表

提到作图，有人立刻就想到 Photoshop 等专业的作图工具，可是，那些工具太复杂，从头学起需要花费较长的时间。

其实，Excel 是绝对能够胜任日常办公作图的软件，而且普及率很高。Excel 内置图表功能，人们所缺的只是对图表的正确认识，以及一些专业知识。只要有了这些，就可以把最简单的图表处理成专业的样式。

下图所示为某市七个区人口对比的复合图表，仅在复合饼图的底部添加了齿轮形状，不仅能清晰地展现各区的人口情况，还很吸引人眼球！

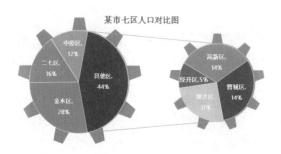

商务图表在制作上是非常强调设计元素的。既然是设计，那就需要遵守基本的设计理念与设计原则，如"最大化数据墨水比""保持均衡""突出对比"等。

最大化数据墨水比，是指一幅图表的绝大部分笔墨应该用于展示数据信息，每一点笔墨都要有其存在的理由。当然，这并不是说不要使用非数据元素，非数据元素也有其存在的价值，它可以起到辅助显示、美化修饰的作用，让图表富有个性，具备更好的视觉效果。

下图最大限度地去掉了非数据元素，整个图变得简单而又能清楚地说明问题。

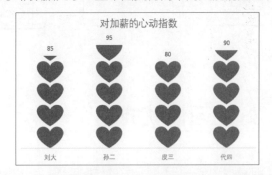

突出对比就是要突出不同元素之间的差异。对比是最重要的图表设计原则之一，也是增强图表视觉效果的主要途径之一，对比的目的是强调。下图将同期销售额对比，降低的显示在水平轴线下方，并用其他颜色突出显示，这样看起来更直观。

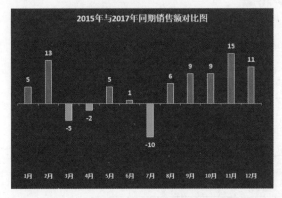

一张图表中包含多种元素，每一种元素都涉及相关内容。要让整个版面产生一种平衡感，就需要将重要的元素放在中心位置上。这就要求合理设计图表、副标题、数据、图表注释、图形图片等元素，促进图表信息的传达。

在下图中，"行政部"和"研发部"人数好像相同，这是由于人形元素的误差造成的误解，而图表下方的数据表正好可以避免产生这种误解。

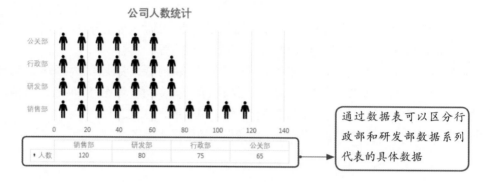

公司人数统计

| | 销售部 | 研发部 | 行政部 | 公关部 |
|---|---|---|---|---|
| 人数 | 120 | 80 | 75 | 65 |

> 通过数据表可以区分行政部和研发部数据系列代表的具体数据

## 1.3 习惯：好的习惯就成功了一半

教学视频

常说，拥有好的习惯，那就成功了一半！掌握好的作图习惯，可以减少错误，节省作图时间。下面就来介绍高手的作图习惯。

### 1 不要轻易合并单元格

单元格合并，确实可以让表格看起来更好看，如下图所示。

| | A 产品编号 | B 产品名称 | C 产品类别 | D 销售数量 | E 销售单价 | F 日销售额 |
|---|---|---|---|---|---|---|
| 2 | SH005 | 洗衣液 | 生活用品 | 5 | 35 | 175 |
| 3 | SH012 | 香皂 | | 3 | 7 | 21 |
| 4 | SH007 | 纸巾 | | 12 | 2 | 24 |
| 5 | SH032 | 晾衣架 | | 2 | 20 | 40 |
| 6 | SH046 | 垃圾袋 | | 4 | 6 | 24 |
| 7 | TW010 | 盐 | 调味品 | 3 | 2 | 6 |
| 8 | TW035 | 鸡精 | | 2 | 5 | 10 |
| 9 | XX033 | 薯片 | 休闲零食 | 8 | 12 | 96 |
| 10 | XX056 | 糖果 | | 15 | 4 | 60 |
| 11 | XX017 | 火腿肠 | | 8 | 3 | 24 |
| 12 | XX008 | 方便面 | | 24 | 5 | 120 |
| 13 | XY024 | 笔记本 | 学习用品 | 2 | 5 | 10 |
| 14 | XY015 | 圆珠笔 | | 4 | 2 | 8 |
| 15 | YL054 | 牛奶 | 饮料 | 5 | 60 | 300 |
| 16 | YL058 | 矿泉水 | | 30 | 3 | 90 |
| 17 | YL066 | 红茶 | | 12 | 3 | 36 |
| 18 | YL076 | 绿茶 | | 9 | 3 | 27 |
| 19 | YL064 | 酸奶 | | 7 | 6 | 42 |

> 合并的单元格

但合并后的单元格一旦需要再次进行其他操作时，可能就要出问题，比如制作图表时，需要先将数据排序，系统就会出现下图所示的提示。

## 2 不要滥用空格

有时候，使用空格可以在一定程度上起到对齐的作用，使数据看起来更整齐，如下图所示。

| | A | B | C | D | E | F | G | H |
|---|---|---|---|---|---|---|---|---|
| 1 | 序号 | 产品编号 | 产品名称 | 产品类别 | 销售数量 | 销售单价 | 日销售额 | 销售日期 |
| 2 | 20054 | YL054 | xx牛奶 | 饮　料 | 5 | 60 | 300 | 3月5日 |
| 3 | 20058 | YL058 | xx矿泉水 | 饮　料 | 30 | 3 | 90 | 3月5日 |
| 4 | 20066 | YL066 | xx红茶 | 饮　料 | 12 | 3 | 36 | 3月5日 |
| 5 | 20076 | YL076 | xx绿茶 | 饮　料 | 9 | 3 | 27 | 3月5日 |
| 6 | 20064 | YL064 | xx酸奶 | 饮　料 | 7 | 6 | 42 | 3月5日 |
| 7 | 40021 | XY024 | xx笔记本 | 学习用品 | 2 | 5 | 10 | 3月5日 |
| 8 | 40015 | XY015 | xx圆珠笔 | 学习用品 | 4 | 2 | 8 | 3月5日 |
| 9 | 30033 | XX033 | xx薯片 | 休闲零食 | 8 | 12 | 96 | 3月5日 |
| 10 | 30056 | XX056 | xx糖果 | 休闲零食 | 15 | 4 | 60 | 3月5日 |
| 11 | 30017 | XX017 | xx火腿肠 | 休闲零食 | 8 | 3 | 24 | 3月5日 |
| 12 | 30008 | XX008 | xx方便面 | 休闲零食 | 24 | 5 | 120 | 3月5日 |
| 13 | 10010 | TW010 | xx盐 | 调味品 | 3 | 2 | 6 | 3月5日 |
| 14 | 10035 | TW035 | xx鸡精 | 调味品 | 2 | 5 | 10 | 3月5日 |
| 15 | 20005 | SH005 | xx洗衣液 | 生活用品 | 5 | 35 | 175 | 3月5日 |
| 16 | 20012 | SH012 | xx香皂 | 生活用品 | 3 | 7 | 21 | 3月5日 |
| 17 | 20007 | SH007 | xx纸巾 | 生活用品 | 12 | 2 | 24 | 3月5日 |
| 18 | 20032 | SH032 | xx晾衣架 | 生活用品 | 2 | 20 | 40 | 3月5日 |
| 19 | 20046 | SH046 | xx垃圾袋 | 生活用品 | 4 | 6 | 24 | 3月5日 |

当需要对表格进行其他操作时，麻烦就来了，比如使用"查找"功能时，是查找"饮料""饮 料""饮 料"，还是"饮　料"呢？为了避免出现此类问题，尽量不要在表格中随意添加空格。

## 3 日期格式要统一

虽然 Excel 提供了多种类型的日期格式，但在输入日期时，不注意格式，或者输入的日期与 Excel 能识别的日期格式不符，输入的内容会被当成文本。如左下图所示，第 3 行和第 4 行中的数据就为错误的日期格式，在参与运算时就会出现错误，即使不作为数据参与运算，看起来也不美观。将格式统一后，数据会工整很多，如右下图所示。

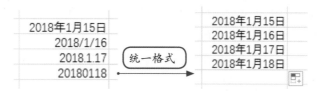

| | 2018年1月15日 | | | 2018年1月15日 |
|---|---|---|---|---|
| | 2018/1/16 | 统一格式 → | | 2018年1月16日 |
| | 2018.1.17 | | | 2018年1月17日 |
| | 20180118 | | | 2018年1月18日 |

## 4  数据与单位要分离

传统习惯上，在数量后面会紧跟单位，如下图所示。这样看起来好像更方便查看、更容易理解。

| | A | B | C | D |
|---|---|---|---|---|
| 1 | 产品编号 | 产品名称 | 销售数量 | 销售单价 |
| 2 | YL054 | xx牛奶 | 5瓶 | 60 |
| 3 | YL058 | xx矿泉水 | 30瓶 | 3 |
| 4 | YL066 | xx红茶 | 12瓶 | 3 |
| 5 | YL076 | xx绿茶 | 9瓶 | 3 |
| 6 | YL064 | xx酸奶 | 7包 | 6 |
| 7 | XY024 | xx笔记本 | 2个 | 5 |
| 8 | XY015 | xx圆珠笔 | 4支 | 2 |

可是，一旦涉及计算，就要出问题了，数据与单位合并后的销售数量属于文本格式，无法直接用作数值计算，如下图所示，就无法用图表展示数据了。

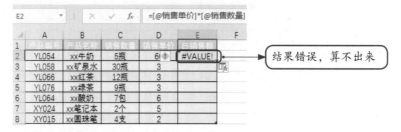

下图所示的表格，将数量和单位分离，再计算就不会出错，可以顺利地制作图表。

| E2 | | ✕ | ✓ | fx | =[@销售单价]*[@销售数量] | | |
|---|---|---|---|---|---|---|---|
| | A | B | C | D | E | F | |
| 1 | 产品编号 | 产品名称 | 销售数量 | 销售单价 | 日销售额 | | |
| 2 | YL054 | xx牛奶 | 5瓶 | 60 | #VALUE! | | ← 结果错误，算不出来 |
| 3 | YL058 | xx矿泉水 | 30瓶 | 3 | | | |
| 4 | YL066 | xx红茶 | 12瓶 | 3 | | | |
| 5 | YL076 | xx绿茶 | 9瓶 | 3 | | | |
| 6 | YL064 | xx酸奶 | 7包 | 6 | | | |
| 7 | XY024 | xx笔记本 | 2个 | 5 | | | |
| 8 | XY015 | xx圆珠笔 | 4支 | 2 | | | |

| F2 | | ✕ | ✓ | fx | =[@销售单价]*[@销售数量] | |
|---|---|---|---|---|---|---|
| | A | B | C | D | E | F |
| 1 | 产品编号 | 产品名称 | 销售数量 | 单位 | 销售单价 | 日销售额 |
| 2 | YL054 | xx牛奶 | 5 | 瓶 | 60 | 300 |
| 3 | YL058 | xx矿泉水 | 30 | 瓶 | 3 | 90 |
| 4 | YL066 | xx红茶 | 12 | 瓶 | 3 | 36 |
| 5 | YL076 | xx绿茶 | 9 | 瓶 | 3 | 27 |
| 6 | YL064 | xx酸奶 | 7 | 包 | 6 | 42 |
| 7 | XY024 | xx笔记本 | 2 | 个 | 5 | 10 |
| 8 | XY015 | xx圆珠笔 | 4 | 支 | 2 | 8 |

## 5 用 PDF 备份

如果不想数据被误修改，或者怕格式出现问题，可以在 Excel 中执行【文件】→【导出】→【创建 PDF/XPS 文档】→【创建 PDF/XPS】命令，将数据备份为 PDF 格式文件，如下图所示。

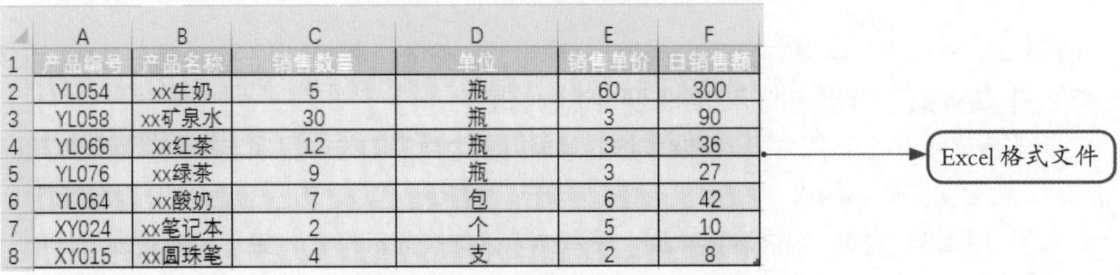

| | A | B | C | D | E | F |
|---|---|---|---|---|---|---|
| 1 | 产品编号 | 产品名称 | 销售数量 | 单位 | 销售单价 | 日销售额 |
| 2 | YL054 | xx牛奶 | 5 | 瓶 | 60 | 300 |
| 3 | YL058 | xx矿泉水 | 30 | 瓶 | 3 | 90 |
| 4 | YL066 | xx红茶 | 12 | 瓶 | 3 | 36 |
| 5 | YL076 | xx绿茶 | 9 | 瓶 | 3 | 27 |
| 6 | YL064 | xx酸奶 | 7 | 包 | 6 | 42 |
| 7 | XY024 | xx笔记本 | 2 | 个 | 5 | 10 |
| 8 | XY015 | xx圆珠笔 | 4 | 支 | 2 | 8 |

◀ Excel 格式文件

| 产品编号 | 产品名称 | 销售数量 | 单位 | 销售单价 | 日销售额 |
|---|---|---|---|---|---|
| YL054 | xx牛奶 | 5 | 瓶 | 60 | 300 |
| YL058 | xx矿泉水 | 30 | 瓶 | 3 | 90 |
| YL066 | xx红茶 | 12 | 瓶 | 3 | 36 |
| YL076 | xx绿茶 | 9 | 瓶 | 3 | 27 |
| YL064 | xx酸奶 | 7 | 包 | 6 | 42 |
| XY024 | xx笔记本 | 2 | 个 | 5 | 10 |
| XY015 | xx圆珠笔 | 4 | 支 | 2 | 8 |

◀ 导出为 PDF 文件效果

# 1.4 学习：成为 Excel 图表高手的最佳学习方法与学习路径

高手，不是自封的，而是通过好的学习方法和学习路径，一步步走出来的！下面就来介绍从多位高手成功经验中总结出来的最佳学习方法和学习路径。

## 1 确定目标，勇往直前

首先，要问大家一个问题：学习 Excel 的目的是什么？

在这个信息化时代，无论一个人多么能言善辩，都没有数据图表展示的效果好，因为数据能将信息准确、迅速地传达给读者，而图表可以形象地展示想得到的信息，给读者一种很专业、很负责的感觉。例如，要展示某公司近几个月某一产品的销售详情，通过图表就可以向读者展示这个产品在近几个月内哪个月的销量最好，以便给供应商提供应该在哪个月增加供应量的信息。

## 2　会用图表，事半功倍

实践表明，一张设计精良的图表能给读者一种愉悦的感觉。设计精良不是越复杂越好，当然，越简单的图，越能让读者迅速地明白数据要表达的信息。

一张好的图表，能够化繁为简，将要表达的意思以更为直观的方式呈现出来，能用于文字沟通、语言沟通，甚至是多媒体沟通。

左下图为某公司产品的周销售量数据，将数据转换为图表的形式，更形象，更易于理解，如右下图所示。

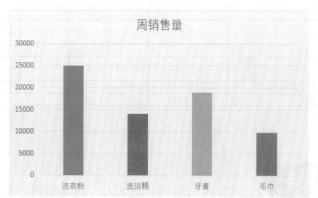

## 3　懂图表，效率高

在日常工作中，图表随处可见，正是因为图表能够直观地将数据传递给他人，所以图表在工作中有着不可替代的作用，如核对项目清单、流程图、基本销售报表等，几乎都离不开数据图表的应用。因此，学会制作图表非常重要。例如，左下图为某公司在线产品销售数据，将其转换为右下图所示的图表放在销售报告中，更容易获得领导的青睐。

| | A | B | C |
|---|---|---|---|
| 1 | 产品名称 | 一月销量 | 二月销量 |
| 2 | 洗发露 | 3250 | 3860 |
| 3 | 沐浴露 | 3250 | 3800 |
| 4 | 护发素 | 3460 | 3910 |
| 5 | 牙膏 | 2900 | 3400 |
| 6 | 肥皂 | 2450 | 3560 |

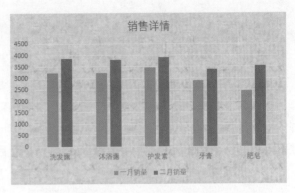

# 4 Excel——有效的作图软件

很多办公人士都在使用 Excel 软件制作图表，在 Excel 中包含了十几种不同的图表类型，可以充分满足不同人士、不同数据的要求。下面的四张图分别为使用 Excel 创建的柱形图、折线图、饼图和面积图。

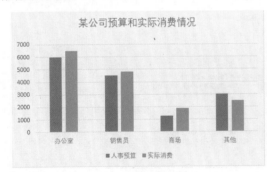

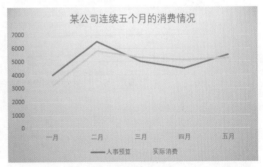

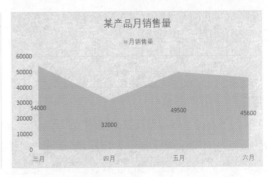

只有正确地认识图表，才能把最简单的图表处理得更加美观、专业。

## 5　善于利用互联网，拥有一切

如今，善于利用各种搜索工具在互联网上查找资料，已经成为信息时代人们的一项重要生存技能。互联网上的信息量实在是太大了，即使一个人每天不停地看，也永远看不完。而借助各式各样的搜索工具，人们可以在海量信息中查找到自己所需要的部分来阅读，以节省时间，提高学习效率，下图所示为在 360 搜索中搜索"Excel 技巧"后的结果。

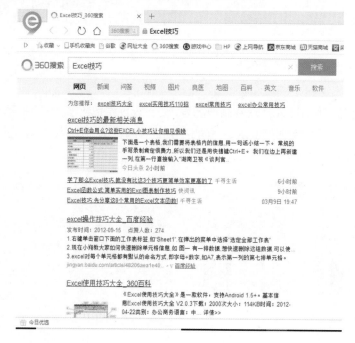

## 6　多阅读，多实践

多阅读 Excel 技巧或案例方面的文章与书籍，能够拓宽视野，并从中学到许多对自己有帮助的知识。

学习 Excel，阅读与实践必须并重。通过阅读学到的知识，只有亲自在计算机上多实践几次，才能把别人的知识真正转化为自己的知识。实践时还可以举一反三，即围绕一个知识点，做各种假设来验证，以验证自己的理解是否正确和完整。

# 2

## 洗髓易筋：走出Excel图表制作误区

　　要想做出专业的图表，首先要保证图表中的数据没有错误。数据正确不代表做出来的图表就一定正确，如果在制作图表的过程中出现错误，很可能会让正确的数据传达出错误的信息。因此，在制作图表时，要有职业精神和专业的知识。

# 2.1 明确图表分析的出发点

　　明确图表分析的出发点就是明确制作图表的主要目的是什么，哪些数据是重要数据，哪些需要突出显示。

　　图表的目的是沟通，解决实际问题。在生活和工作中都离不开数据。生活中的数据，如几套房、几辆车、多少存款等；工作中的数据就更多了，如今年的任务量是多少，完成了多少业绩，工资是多少，年底能有多少奖金等。

　　数据在报告中最具有说服力。经常会听到"拿出你的数据来""用数据来说话"之类的话，表明数据已经被大家公认为一个衡量事物的工具。

　　无论从事何种职业，就职于哪家公司，或多或少都会接触到一些数据图表。在公司经常听到这样的对话："我不要表格，做一个图给我""把一个表格给客户，客户肯定会说你做得不够专业"。越来越多公司青睐视觉化的报告，和那些密密麻麻的数据表格所带来的低效沟通相比，领导和员工们在开会时更喜欢看到那些具有吸引力的图表，这样不仅能提高参会人的积极性，使他们不容易疲倦，而且能让会议更高效地进行下去。数据图表已然成为商务沟通的有效工具，下面来看几个例子。

　　下图所示为使用堆积柱形图展示各分公司销售业绩，不仅能看出各分公司每月的业绩，而且能更清晰地展示出每月的整体销售业绩。

### 各分公司业绩分析报告表

| 部门 | 一月 | 二月 | 三月 | 四月 | 五月 | 六月 | 七月 | 八月 | 九月 | 十月 | 十一月 | 十二月 | 总计 |
|---|---|---|---|---|---|---|---|---|---|---|---|---|---|
| 郑州分公司 | 350 | 400 | 360 | 380 | 280 | 260 | 320 | 400 | 420 | 410 | 300 | 320 | 4200 |
| 开封分公司 | 120 | 110 | 168 | 150 | 145 | 135 | 180 | 200 | 168 | 108 | 123 | 140 | 1747 |
| 洛阳分公司 | 230 | 190 | 150 | 250 | 201 | 198 | 245 | 234 | 200 | 198 | 180 | | 2556 |
| 许昌分公司 | 200 | 220 | 180 | 230 | 220 | 200 | 210 | 190 | 210 | 170 | 180 | 220 | 2430 |
| 总计 | 900 | 920 | 858 | 1010 | 925 | 796 | 908 | 1035 | 1032 | 888 | 801 | 850 | 10933 |

用堆积柱形图展示各分公司每月的销售业绩

下图所示为某校各系男女人数对比图表，通过图表可以直观地看到男女数量之间的差异。

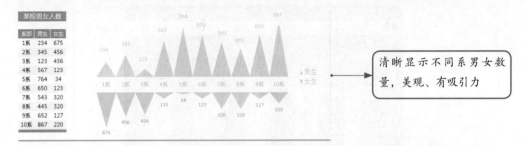

下图所示为某企业 2017 年利润统计图表，使用柱形图展示各季度的营业额和净利润，使用圆环图展示各产品全年的利润占比。

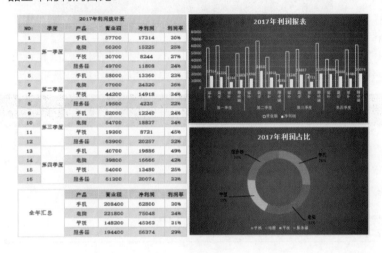

## 2.2 不是所有的数据都可以用图表表示

也许有人认为凡数据必用图表，缺少图表就好像没有分析数据，其实如果有些数据使用表格表达效果更好，这时就没必要使用图表了。

（1）差异极小的数据。

那些差异极小的数据，如果用图表表示，从图表外观上看基本没什么变化，如下图所示，这样也就失去了图表的意义，要分析这样的数据，在表格中利用排序功能将数据排序即可，没必要使用图表。

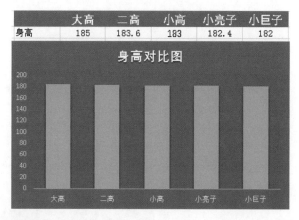

| | 大高 | 二高 | 小高 | 小亮子 | 小巨子 |
|---|---|---|---|---|---|
| 身高 | 185 | 183.6 | 183 | 182.4 | 182 |

（2）一组没有关联的数据。

如果是单组数据，在横向上，数据间又没有可比性，再做成图表就没有任何意义了，如下图所示的数据，要分析这种类型的数据只需在表格中将要查看的对象重点标注即可。

| 某某大学生体测数据记录 | | | | | | | |
|---|---|---|---|---|---|---|---|
| 身高 | 体重 | 肺活量 | 50米跑 | 体前屈 | 立定跳远 | 仰卧起坐 | 800米跑 |
| 163 | 54 | 2630 | 8.9 | 13.5 | 169 | 32 | 4'18" |

## 2.3 容易被忽略的阅读习惯

读图时通常会先看数据系列，然后才看文字或数据部分，如果图表设置不合理，就可能导致对数据有错误的理解。因此，不能忽略阅读习惯对图表可能造成的误解。

### 1 图表中重点不突出

有效的图表要突出重点，明确呈现出关注的数据。

观察下图所示的两个图表，哪个才是有效的图表呢？

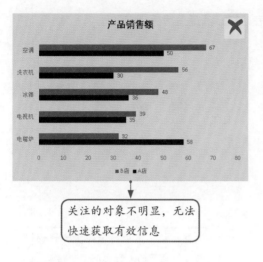

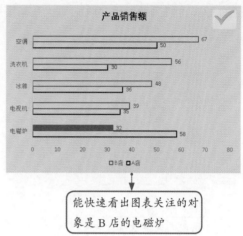

关注的对象不明显，无法快速获取有效信息

能快速看出图表关注的对象是 B 店的电磁炉

## 2　存在误导或欺骗的图表

图表设计不恰当就会导致读者误读，下面的这几类情况你遇到过吗？

（1）夸张的压缩比例。

为了让图表适应文档，有时需要改变图表大小，但如果压缩比例不当出现下图的情况，就会让读者判断错误。

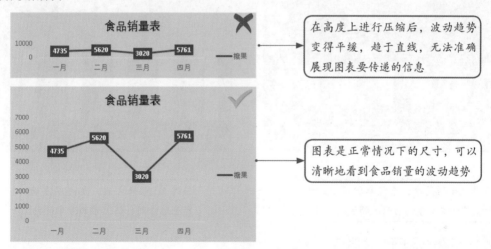

在高度上进行压缩后，波动趋势变得平缓，趋于直线，无法准确展现图表要传递的信息

图表是正常情况下的尺寸，可以清晰地看到食品销量的波动趋势

（2）截断柱形图图表 Y 轴。

柱形图图表的 Y 轴不是从 0 开始，会夸大数据间的变化幅度，这样在视觉上会引起读者误解。你相信下面两张图表表现的是同一组数据吗？左下图所示，华东地区实际销量看起来仅占目

标销量的 1/5，而右下图所示的图表则为正常图表，实际销量占目标销量的 1/2。

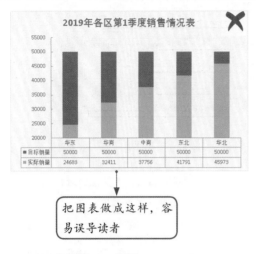

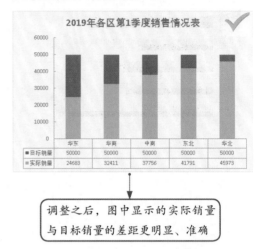

把图表做成这样，容易误导读者

调整之后，图中显示的实际销量与目标销量的差距更明显、准确

（3）夸张的 3D 效果。

为了让图表看起来漂亮、吸引眼球，添加一些特殊效果，通常情况下无可厚非，但有些情况则会让观众被特效吸引住，忽略掉图表展示的内容，甚至会产生错误的理解。

如左下图所示，前两名同学的成绩没有变化，但在 3D 效果中，第二学期总成绩看起来明显比第一学期要高，此时使用 3D 效果就会导致理解错误。去掉 3D 效果后的图表如右下图所示。

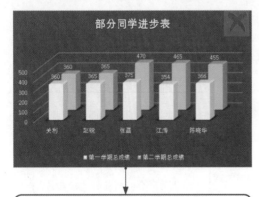

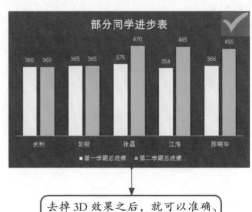

单看柱子的高度，感觉都取得了进步，但实际上前两名同学前后两次的成绩并没有变化

去掉 3D 效果之后，就可以准确、直观地看到每位同学的进步情况

（4）形象化图表不成比例。

形象化图表直观、形象、精美，但实物大小与数值如果不成比例，就会导致图表难以理解，如左下图所示。

在右下图的图表中，数值与实物图形有着恰当的比例，传递的信息更准确，更容易理解。

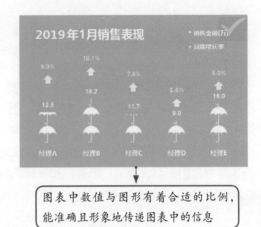

> 这张形象化图表，无论是从图片的高度、宽度，或者是实物的体积进行估算，最终的结果都与显示的数值相差甚远

> 图表中数值与图形有着合适的比例，能准确且形象地传递图表中的信息

## 3 花里胡哨的图表

制表人为了使图表看起来好看，对色彩又不敏感，就会制作出大红大紫、色彩渐变等"艳丽"的图表，这类图表往往让人感觉"俗"。

将下图所示的"艳丽"的图表放到工作报告中，会显得突兀，领导肯定不会满意。

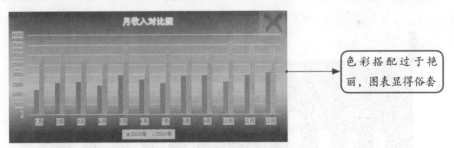

> 色彩搭配过于艳丽，图表显得俗套

下图所示的图表看起来很简单，并且灰色的背景较为容易搭配其他颜色，就算放到商务报告中，也能支撑起报告的颜值。

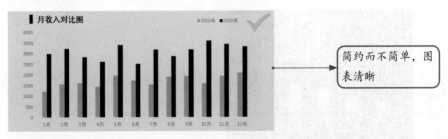

> 简约而不简单，图表清晰

## 4 多张图表时频繁改变图表类型

将复杂的数据简单化，就需要用多张图表，但有些图表制作者喜欢用柱形图、条形图、饼图等不同的图表类型表现一类数据，并为每个图表设置各种效果，通过各种手段展示图表技能，导致图表看起来杂乱无章。解决之道就是在相同场景下保持图表类型的一致性。

下图所示为分别使用折线图-面积图、折线图-带数据标签的折线图及柱形图-带数据标签的折线图 3 种组合图展示洗衣机、电视机和冰箱的销售数据，颜色、图表类型各不相同。

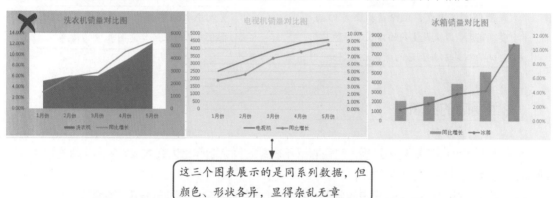

这三个图表展示的是同系列数据，但颜色、形状各异，显得杂乱无章

下图所示为使用折线图-柱形图类型的组合图分别展示洗衣机、电视机和冰箱的销售数据，颜色、图表类型风格统一、整齐。

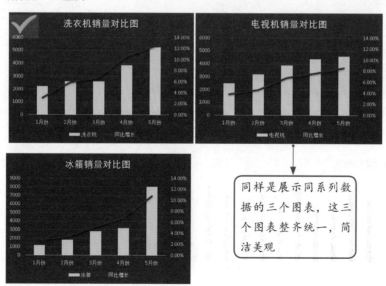

同样是展示同系列数据的三个图表，这三个图表整齐统一，简洁美观

上面的两种图表，哪一种才能获得领导及客户的青睐呢？

## 5　不要直接把整个表做成图

一个完整的数据表中，可能有很多不同类型的数据，如分类统计数据、汇总数据或与作图无关的数据，这时千万要小心，不要把整个表的数据全部添加到图表中。下图所示，在财务报告图表中将"总计"数据添加到了图表中，"总计"数据系列代表的柱子过高，其他数据就会显得不重要，容易被忽略。

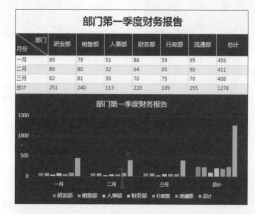

再看看下面这个例子，最后一个数据的值很大，但这个值是合计数据，与其他数据是不能直接比较的。因此，在做图表时，要把最后一列数据取消，如右下图所示。

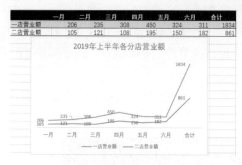
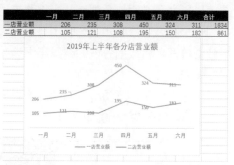

## 6　不合理的"数据墨水比"

"数据墨水比"中的"墨水"指的是图表中可使用的图表元素，如图表标题、数据表、网格线、图例等。"数据墨水比"指的是所用到的图表元素与所有图表元素之间的比例，到底怎样才算合适。

记住一点，也就是从简原则，删除多余元素，让每个图表元素的存在都有意义。越简单，越容易被接受。

观察下方的这两个图表，要展现籍贯为"河南"的学生人数，你会选择哪个呢？

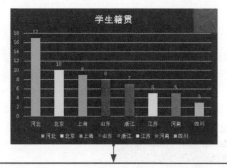

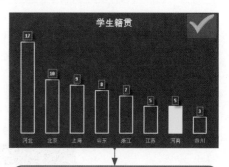

图表中的网格线、坐标轴刻度、不同颜色的数据条等信息不仅没有实际意义，还会干扰图表信息的表达

经过调整之后，图表传递信息更直接、快速，一眼就能找到关注的数据

## 2.4 图表不是越多越好

过于复杂的图表也违背用图说话的作图原则。专业化的图表应具备简约的特点。简约，就是说一个图表只是为了说明一个观点。当需要表达多个观点且必要时，建议分开作图。不要将过多的数据放同一个图表中，要知道图表本身不具有数据分析的功能，它只是服务于数据，因此要学会提炼、分析数据，将数据分析的结果用图表来展现才是最终目的。因此，过于复杂的数据不适合用来建立图表。

看看下面这个例子，下图所示的两张图数据太多，图表类型太复杂，让整个图显得很混乱，而且根本看不懂。（素材 \ch02\2-4.xlsx）

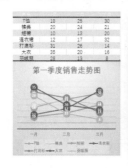

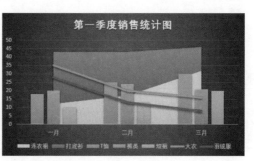

如果需要查看几种衣服的对比情况，可以试着只使用一种图表类型。如果以对比不同月份销量为主要目标，可以使用堆积柱状图，如左下图所示；如果侧重对比每个产品，可以将 $X$ 轴更换为产品名称，如右下图所示。

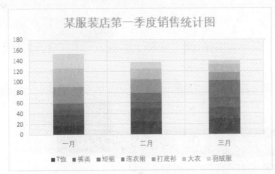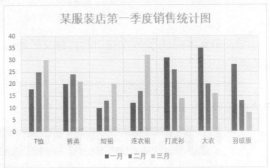

如果需要针对特殊情况作图，可以使用多个图表来完成，这时可以根据需要来选择不同图表类型。下图为分别用柱形图对比各月大衣和羽绒服的销售情况、用折线图展示短裙和连衣裙的销售走势及用树形图展示一月份各产品的销售情况。

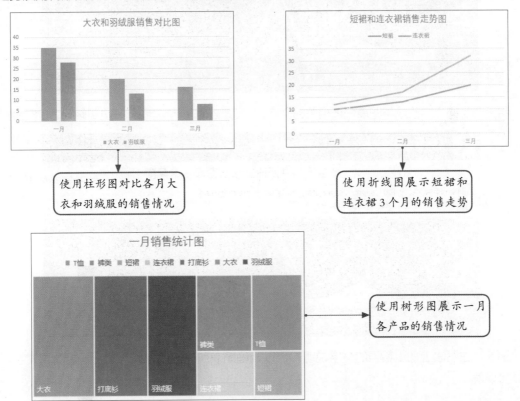

图表中文字描述了图表的功能和意义，所以，文字使用合理，会锦上添花，否则，会让人捉摸不透。

下图所示的图表，解释性文字过多，并且文字没有表达出信息要点，仅仅罗列了指标，图表的地位受到了影响。

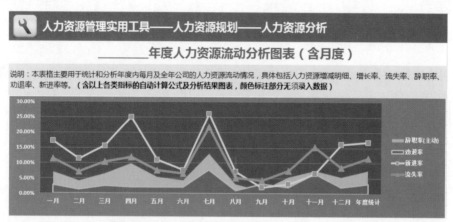

将无意义的文字改成与图表分析相关的文字，不仅简洁明了，读者看起来也更轻松，如下图所示。

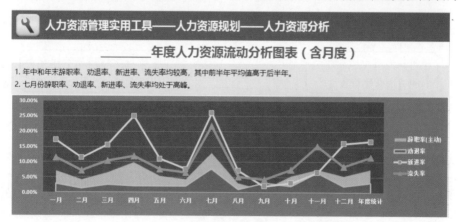

因此，在图表上加上恰当的文字说明，可以明确图表所表达的意思。切记不能滥用文字，以免读者误解。

# 错误地选用图表类型

想用图表展示一组数据，但对用什么图表纠结不已，会问自己是用柱形图还是用饼图；如果用柱形图会不会太简单了，能不能展现出自己的图表功力。一般会有这样疑问的人其实已经偏离了图表的本质。无论是柱形图、饼图还是其他类型的图表其实都有它的用武之地，柱形图一般用于数量上的比较，而饼图则可以更好地表现成分占比，所以并不存在饼图比柱形图好的说法，也不存在柱形图比其他图低级的说法，选择图表只有适合与不适合的区别。

那怎么样才算适合呢？如果已经确定了要表达的信息，那么选择图表类型就会变得很简单——如果要比较产量，就选择擅长比较数量的柱形图；如果想了解成本组成，那么就可以选择饼图，看看哪个部分所花费的成本最高。

下图所示的图表，用雷达图来展示比例关系，是不是觉得对比不明显，并且看起来很累？

| 地区 | 销售额/万元 | 占比 |
|------|------------|------|
| 华东 | 325 | 21% |
| 华北 | 217 | 14% |
| 华中 | 356 | 23% |
| 中南 | 265 | 17% |
| 西南 | 185 | 12% |
| 西北 | 173 | 11% |

如果换成了下图所示的饼图，是不是占比情况一目了然？

| 地区 | 销售额/万元 | 占比 |
|------|------------|------|
| 华东 | 325 | 21% |
| 华北 | 217 | 14% |
| 华中 | 356 | 23% |
| 中南 | 265 | 17% |
| 西南 | 185 | 12% |
| 西北 | 173 | 11% |

下图所示是一个员工竞赛统计，全部流程分为 7 步，需要统计每一步的完成率，这里用了一个饼图，发现根本不能直接看出每一步的通过情况。

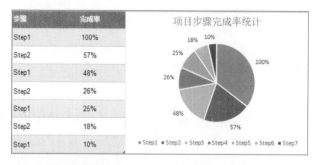

但如果换成漏斗图呢？如下图所示，效果就非常明显了。

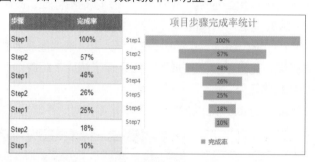

# 慎用三维效果图表类型

Excel 2016 增强了 3D 图表的表现力，尤其在三维旋转中的透视和棱台效果的设置上。毋庸置疑，这种效果确实能很好地吸引眼球，但是图表展示的信息易被忽视，更严重的甚至会产生理解上的错觉。下图所示的图表，看起来会觉得四个锥体的高度是递减的，而事实上，它们是等高的！所以，在商务应用中会经常听到到这样一句话："杜绝 3D 图表！"因为既浪费时间，又不能提高沟通的效率，甚至有时还会误导读者对数据的理解。

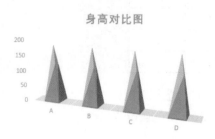

教学视频

回顾前面的内容，要想做出一张好的图表，需要遵循以下基本原则。

（1）图表要有明确的作用。

（2）图表标题直接点明想要表达的重点。

（3）不推荐使用三维格式图表，但不表示不能用。

（4）不要为了秀技术而把图表做得过于复杂。

（5）当图表更能表达结果时就做，不做不必要的图表。

（6）必要时可以重新选择数据源。

（7）图表要有设计感，作图时要时刻以设计的原则要求自己。

（8）适当去改变默认值。

（9）色彩不可滥用。

（10）3D、透视、渲染等修饰方式不适合用于商业图表。

（11）$Y$ 轴刻度值应从 0 开始。

高手自测

本章主要介绍避免图表误区的相关操作，在结束本章内容之前，不妨先测试一下本章的学习效果，打开"素材\ch02"文件夹中的素材文件，分别根据要求完成相应的操作，如果能顺利完成，则表明已经掌握了本章的内容；如果不能，就再认真学习一下本章的内容，然后再学习后续章节吧。

高手点拨

（1）打开"素材 \ch02\ 高手自测 1.xlsx"文件，根据表中提供的数据创建折线图，并对创建的折线图进行简单的美化，如下图所示。

上半年销售完成情况

| 单位 | 一月 | 二月 | 三月 | 四月 | 五月 | 六月 |
| --- | --- | --- | --- | --- | --- | --- |
| JACK | 66 | 52 | 82 | 75 | 66 | 84 |

上半年销售完成情况表

（2）打开"素材\ch02\高手自测 2.xlsx"文件，根据表中提供的数据创建柱形图，并对创建的柱形图进行美化，如下图所示。

| 月份\年份 | 2018年 | 2019年 |
|---|---|---|
| 1月 | 1094 | 1190 |
| 2月 | 945 | 822 |
| 3月 | 1124 | 1120 |
| 4月 | 1098 | 972 |
| 5月 | 1061 | 1337 |
| 6月 | 885 | 893 |
| 合计 | 6207 | 6334 |

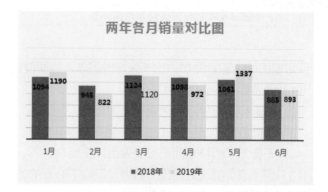

（3）打开"素材\ch02\高手自测 3.xlsx"文件，根据表中提供的数据创建圆环图，并对创建的圆环图进行美化，如下图所示。

| 月份\销售员 | 张雷 | 王瑞 | 刘冬 | 赵雪 | 郭莹 | 合计 |
|---|---|---|---|---|---|---|
| 1月 | 236 | 265 | 192 | 239 | 258 | 1190 |
| 2月 | 186 | 185 | 162 | 143 | 146 | 822 |
| 3月 | 231 | 236 | 209 | 196 | 248 | 1120 |
| 4月 | 195 | 202 | 182 | 196 | 197 | 972 |
| 5月 | 253 | 269 | 262 | 292 | 261 | 1337 |
| 6月 | 192 | 196 | 153 | 186 | 166 | 893 |
| 合计 | 1293 | 1353 | 1160 | 1252 | 1276 | 6334 |

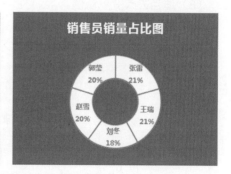

（4）打开"素材\ch02\高手自测 4.xlsx"文件，根据表中提供的数据创建雷达图，并对创建的雷达图进行美化，如下图所示。

| 项目 | iPhone Xs | iPhone Xs Plus |
|---|---|---|
| 结构外观 | 5.76 | 0.31 |
| 显示效果 | 1.63 | 8.00 |
| 相机成像 | 7.73 | 6.50 |
| 电池续航 | 9.95 | 0.41 |
| 发热控制 | 1.02 | 0.42 |
| 合计 | 26.07 | 15.64 |

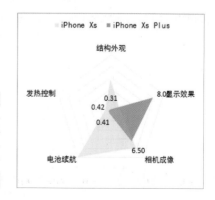

# 第 3 章

# 心法修炼：成为图表高手的技术准备

图表能够更加形象、直观地反映数据的变化规律和发展趋势，
帮助分析和比较工作中的大量数据。图离不开表，表可以用图展示。

建立图表时，一般都是以现有的数据来创建，但有时依据现有的数据直接建立出来的图表是无法满足要求的。因此，需要在作图数据上下一番功夫。对数据进行组织和安排，可以创建一些特殊的图表。

## 1 原始数据不等于作图数据

很多时候，原始数据并不能满足作图的要求，因此，在建立图表前要有为作图而准备数据的习惯。将原始数据根据需要进行调整，就能拥有更多的自由空间，如添加辅助系列、用空行组织数据、让系列占位、用公式计算辅助值等。

例如，如果想根据下图所示的数据做出一个图，那么通常只能做出一个条形图。

| 事件 | 比例 |
|------|------|
| 应聘 | 100% |
| 通过笔试 | 60% |
| 通过面试 | 30% |
| 试用 | 20% |
| 入职 | 10% |

应聘流程人数比

如果将数据做适当修改，例如，增加一个辅助列"列1"，并将辅助列列值设置为"（1-比例）/2"，这样就可以做出一个漂亮的漏斗图，如下图所示。

| 事件 | 列1 | 比例 |
|------|------|------|
| 应聘 | 0% | 100% |
| 通过笔试 | 20% | 60% |
| 通过面试 | 35% | 30% |
| 试用 | 40% | 20% |
| 入职 | 45% | 10% |

应聘过程人数比

| | | |
|---|---|---|
| 应聘 | 100% | |
| 通过笔试 | 60% | |
| 通过面试 | 30% | |
| 试用 | 20% | |
| 入职 | 10% | |

## 2 删除空行

如果作图数据中有空行，以绘制折线图图表为例，则会出现折线不连贯的情况。如果图表引用数据较少，可以直接删除空行。如果图表引用数据较多，则可以利用筛选的方法删除空行，如下图所示。

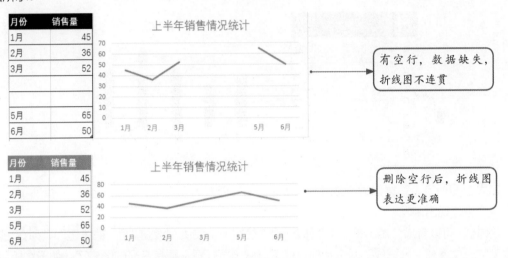

## 3 有些数据不能出现在图表中

有些数据在一个表格中与其他数据类型不一致，如统计年销量的年份数据，统计员工的工龄和年龄数据等，在左下图的例子中，将年份作为图表中的数据系列是不合适的。年份的比较没有任何意义，所以作图之后，需要删除年份系列，或者在选择作图数据时，不要选中年份，如右下图所示。

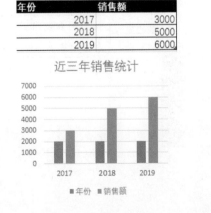

# 4 将数据分解成多列

将数据分解为多个系列的目的是将单列的数据绘制为多个数据系列，然后根据实际情况，做出更有意义，或者更漂亮的图表。

下图所示的图表只是一个普通的柱形图，用来展示上半年的销量情况。

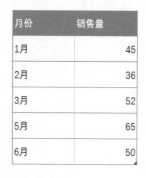

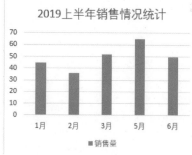

如果公司规定，销售量大于或等于 40 为合格，否则为不合格，并且不合格的有惩罚，能不能把这个也体现出来呢？

这时候，可以考虑分离出来一个"列 2"用来绘制一个表情，"列 1"为"销售量"–"列 2"的值，将原来的一个系列，分解成了两个系列，就可以做出更好看、更有意义的图表了，如下图所示。

| 月份 | 销售量 | 列1 | 列2 |
|------|--------|-----|-----|
| 1月 | 45 | 33 | 12 |
| 2月 | 36 | 24 | 12 |
| 3月 | 52 | 40 | 12 |
| 5月 | 65 | 53 | 12 |
| 6月 | 50 | 38 | 12 |

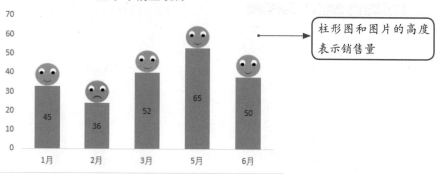

柱形图和图片的高度表示销售量

# 正确地选择图表类型

制作专业的图表，要了解图表的适用范围和设计技巧，不同的图表类型，侧重的图表信息不同。一个完美的图表，从选择图表类型开始。选择好图表类型就等于成功了一半。

## 1 折线图——显示数据的变化趋势

折线图一般用来显示数据随时间变化的趋势，例如，数据在一段时间内是呈现增长趋势，还是下降趋势，可以用折线图清晰明了地显示出来。折线图可以显示随时间（根据常用比例设置）而变化的连续数据，因此非常适合用于显示在相等时间间隔下数据的趋势。下图所示的两张折线图图表均展示了数据随月份的变化趋势。

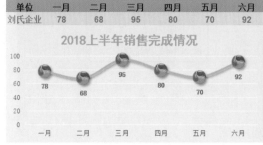

## 2 柱状图——用垂直条显示差别对比

柱状图是用垂直条来显示物品数据在不同时期的差别或者相同时期内不同数据的差别，因此它具有对比明显，数据清晰、直观的特点，多用于强调数据随时间发生的变化。下图所示为使用簇状柱形图展示近三年 1~6 月的销量情况。

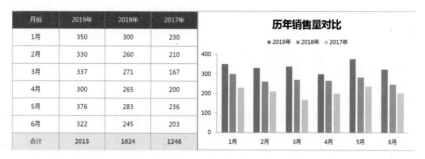

| 月份 | 2019年 | 2018年 | 2017年 |
|---|---|---|---|
| 1月 | 350 | 300 | 230 |
| 2月 | 330 | 260 | 210 |
| 3月 | 337 | 271 | 167 |
| 4月 | 300 | 265 | 200 |
| 5月 | 376 | 283 | 236 |
| 6月 | 322 | 245 | 203 |
| 合计 | 2015 | 1624 | 1246 |

下图所示为使用堆积柱形图展示 2019 上半年各月的收入和支出情况。

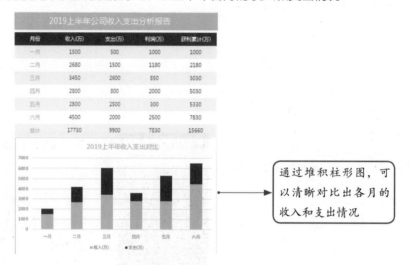

| 月份 | 收入(万) | 支出(万) | 利润(万) | 获利累计(万) |
|---|---|---|---|---|
| 一月 | 1500 | 500 | 1000 | 1000 |
| 二月 | 2680 | 1500 | 1180 | 2180 |
| 三月 | 3450 | 2600 | 850 | 3030 |
| 四月 | 2800 | 800 | 2000 | 5030 |
| 五月 | 2800 | 2500 | 300 | 5330 |
| 六月 | 4500 | 2000 | 2500 | 7830 |
| 合计 | 17730 | 9900 | 7830 | 15660 |

通过堆积柱形图，可以清晰对比出各月的收入和支出情况

## ③ 饼图——显示各项数据所占的百分比例

饼图用于对比各个数据占总体的百分比例，整个饼代表所有数据之和，其中每一块就是某个单项数据。下图所示为使用饼图展示 2019 年不同地区的销量占比情况。

### 2019年销量对比表

| 地区 | 销售额/万 | 占比 |
|---|---|---|
| 华东 | 265 | 18% |
| 华北 | 220 | 15% |
| 华中 | 365 | 25% |
| 中南 | 254 | 17% |
| 西南 | 167 | 12% |
| 西北 | 186 | 13% |

下图所示为使用双饼图汇总 2018 年销售业绩，内层饼图显示所有分公司各月的销售情况，外层饼图则汇总各季度的销售情况。

**2018销售业绩汇总分析表（万元）**

| 季度 | 月份 | 一公司 | 二公司 | 三公司 | 销售合计 | 季度合计 |
|------|------|--------|--------|--------|----------|----------|
| 第一季度 | 一月 | 15 | 10 | 10 | 35 | |
| | 二月 | 12 | 10 | 11 | 33 | 104 |
| | 三月 | 15 | 12 | 9 | 36 | |
| 第二季度 | 四月 | 8 | 9 | 10 | 27 | |
| | 五月 | 6 | 5 | 8 | 19 | 77 |
| | 六月 | 10 | 10 | 11 | 31 | |
| 第三季度 | 七月 | 10 | 8 | 9 | 27 | |
| | 八月 | 12 | 15 | 10 | 37 | 95 |
| | 九月 | 10 | 9 | 12 | 31 | |
| 第四季度 | 十月 | 12 | 12 | 10 | 34 | |
| | 十一月 | 14 | 12 | 9 | 35 | 98 |
| | 十二月 | 10 | 10 | 9 | 29 | |
| 合计 | | 134 | 122 | 118 | 374 | 374 |

# 4 条形图——描述各项数据之间的差别比较

条形图是用水平条来显示各项数据，虽然看起来和柱状图类似，但条形图更倾向于显示各项数据类型之间的差异，使用水平条来弱化时间的变化，突出数据之间的比较。左下图所示为用条形图展示各月份的利润，通过调整纵坐标轴的位置可以明显看出利润为负值的效果，右下图则使用人形图片代替条形图例，看起来更形象。

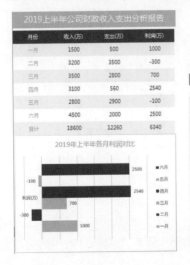

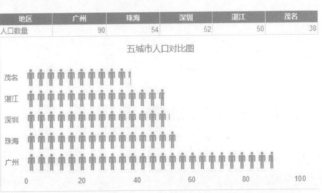

| 地区 | 广州 | 珠海 | 深圳 | 湛江 | 茂名 |
|------|------|------|------|------|------|
| 人口数量 | 90 | 54 | 52 | 50 | 38 |

## 5 XY（散点图）——显示不同点间的数值变化关系

XY（散点图）用来显示值集之间的关系，通常用于表示不均匀时间段内的数据变化。此外，散点图可以快速、精准地绘制函数曲线，因此在教学、科学计算中经常用到。下图所示的两张图表均为散点图。

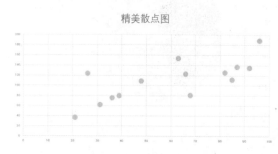

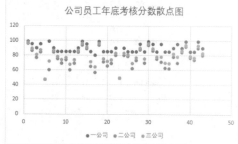

## 6 股价图——显示股票的变化趋势

股价图是具有三个数据序列的折线图，多用于金融，商贸行业，用来描述股票价格趋势和成交量，可以显示一段时间内股票的最高价、最低价和收盘价，如下图所示。

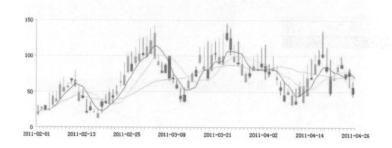

## 7 面积图——显示变动幅度

面积图直接使用大块面积表示数据，突出了数值随时间变化的变化量，用于显示一段时间内数值的变化幅度，同时也可以看出整体的变化，左下图所示为使用面积图展示月利润情况，右下图所示为使用面积图展示各月的收入与支出情况。

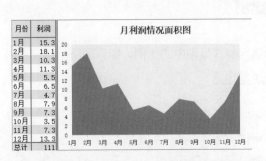

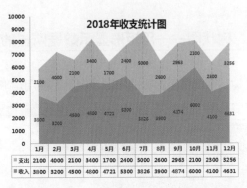

面积图强调数量随时间变化的程度，也可用于引起人们对总值趋势的注意。堆积面积图和百分比堆积面积图还可以显示部分与整体的关系，如下图所示。

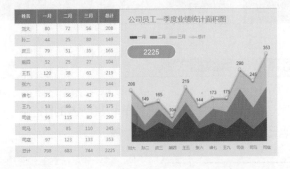

## 8 雷达图——显示相对于中心点的值

每个数据都有自己的坐标轴，显示数据相对于中心点的波动值，如左下图所示。也可以显示独立数据之间及某个特定的整体体系之间的关系，如右下图所示。

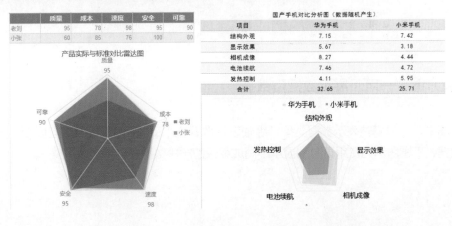

## 9 树状图——用矩形显示数据所占的比例

树状图侧重于数据的分析与展示，使用矩形显示层次级别中的比例，如下图所示。

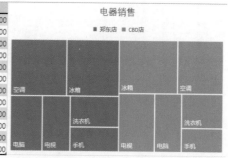

| 店铺 | 电器 | 数量 | 价格 |
|---|---|---|---|
| 郑东店 | 冰箱 | 152 | 8500 |
| 郑东店 | 洗衣机 | 146 | 4300 |
| 郑东店 | 空调 | 203 | 9000 |
| 郑东店 | 电视 | 132 | 4500 |
| 郑东店 | 电脑 | 185 | 5000 |
| 郑东店 | 手机 | 350 | 3400 |
| CBD店 | 冰箱 | 132 | 9000 |
| CBD店 | 洗衣机 | 125 | 4000 |
| CBD店 | 空调 | 200 | 7000 |
| CBD店 | 电视 | 135 | 6000 |
| CBD店 | 电脑 | 180 | 4500 |
| CBD店 | 手机 | 300 | 2800 |

## 10 旭日图——用环形显示数据关系

旭日图可以清晰地表达层次结构中不同级别的值和其所占的比值，以及各个层次之间的归属关系，下图所示为使用旭日图展示第一季度销量统计情况。

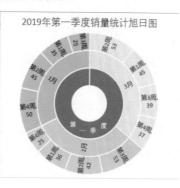

| 季度 | 月份 | 周次 | 销量 |
|---|---|---|---|
| 第一季度 | 1月 | 第1周 | 35 |
| 第一季度 | 1月 | 第2周 | 45 |
| 第一季度 | 1月 | 第3周 | 25 |
| 第一季度 | 1月 | 第4周 | 50 |
| 第一季度 | 2月 | 第1周 | 36 |
| 第一季度 | 2月 | 第2周 | 42 |
| 第一季度 | 2月 | 第3周 | 53 |
| 第一季度 | 2月 | 第4周 | 25 |
| 第一季度 | 3月 | 第1周 | 45 |
| 第一季度 | 3月 | 第2周 | 53 |
| 第一季度 | 3月 | 第3周 | 39 |
| 第一季度 | 3月 | 第4周 | 37 |

## 11 直方图——用于展示数据型数据

直方图中，一般横轴表示数据类型，纵轴表示数据分布情况，面积表示各组频数的多少，用于展示数据，下图所示为使用直方图显示不同成绩段的学生数量。

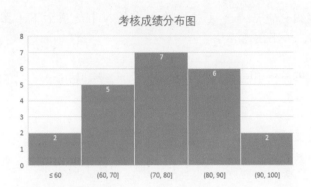

考核成绩分布图

## 12　瀑布图——显示数值的演变

瀑布图适用于表达各个相邻数据之间的关系，如下图所示（素材 \ch03\3-2.xlsx）。

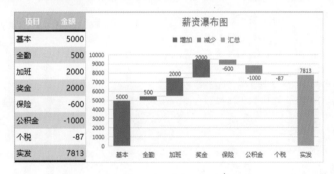

## 3.3　绘制图表的基本方法

教学视频

绘制图表时，可以使用系统推荐的图表，也可以根据实际需要选择合适的图表，下面介绍绘制产品销售统计分析图表的方法。

### 1　使用系统推荐的图表

Excel 2016 会根据数据为用户推荐图表，并显示推荐图表的预览，用户只需要选择一种图表类型就可以完成图表的创建，使用系统推荐的图表类型创建图表的具体操作步骤如下。

步骤 ❶ 选择数据区域内任意一个单元格,单击【插入】选项卡下【图表】组中的【推荐的图表】按钮,如下图所示。

步骤 ❷ 选择需要的图表类型,单击【确定】按钮,如左下图所示。

步骤 ❸ 创建的图表如右下图所示。

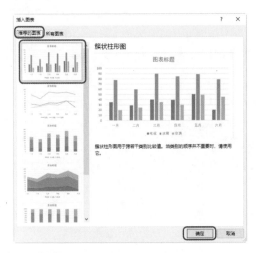

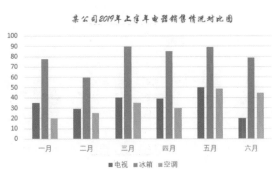

## 2 使用功能区创建图表

在 Excel 2016 的功能区中将所有的图表类型集中显示在【插入】选项卡下【图表】组的不同按钮中,方便用户快速创建图表,如下图所示。

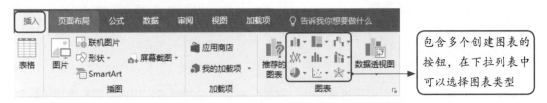

单击【插入柱形图或条形图】下拉按钮，在弹出的下拉列表中选择【二维柱形图】组中的【簇状柱形图】选项，即可在该工作表中插入一个柱形图表，如右图所示。

## ③ 使用图表向导创建图表

图表向导中包含了 Excel 2016 可以创建的所有图表类型，在不确定什么样的图表类型更能准确表达数据时，可以使用图表向导在不同的图表类型间切换，并查看效果预览，从而创建合适的图表。具体操作步骤如下。

步骤 ① 选择数据区域的任意一个单元格。单击【插入】选项卡下【图表】组中的【查看所有图表】按钮，如左下图所示。

步骤 ② 在左侧【所有图表】的列表中选择一种图表类型，在右侧选择一种具体的图表，单击【确定】按钮，如右下图所示。

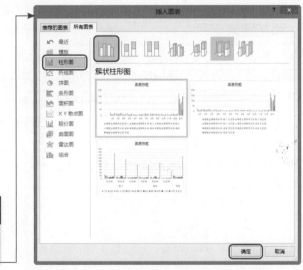

# 图表元素及组成技巧

制作 Excel 图表时，插入图表后，可以通过调整各种选项、参数进行适当的格式化处理。但是，图表选项设置对于某些商业图表的专业效果可能无法做到。要真正做好一张表，还需要对表中很多细节进行修改。对图表进行修改，前提条件是选中正确的操作对象，打开相应的属性对话框进行操作。因此，掌握图表的组成元素对做好图表是非常必要的。图表中包含的主要元素如下图所示。

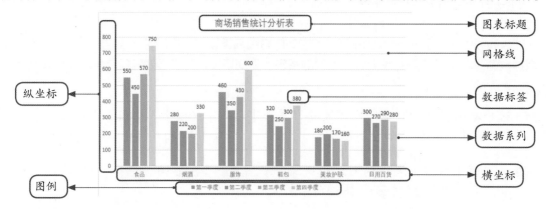

## 1 添加图表标题

图表标题与图表是相辅相成的。一个明确、与图表相符的标题可以让读者迅速理解图表要表达的内容。而图表中提供的信息则有力地支持了标题。

步骤 **01** 根据表格数据创建簇状柱形图，如右图所示。

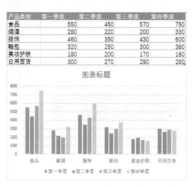

步骤 ② 单击【图表工具－设计】选项卡下【图表布局】组中的【添加图表元素】按钮，如下图所示。

步骤 ③ 选择【图表标题】下的【图表上方】选项，如左下图所示。

步骤 ④ 在图表标题文本框中输入图表标题"商场销售统计分析表"，如右下图所示。

 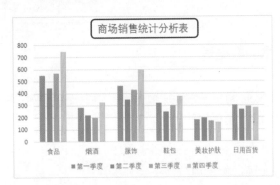

## ② 添加数据标签

在 Excel 中创建图表后，默认状态下在数据系列上不显示数据标签。为了让数据系列更加直观、形象，可以在数据系列上设置显示数据标签。通过数据标签能直接查看具体的值，添加数据标签的具体操作步骤如下。

步骤 ① 选中图表，单击【图表工具－设计】选项卡下【图表布局】组中的【添加图表元素】按钮，如下图所示。

步骤 ② 选择【数据标签】下的【数据标签外】选项，即可为图表添加数据标签，如下图所示。

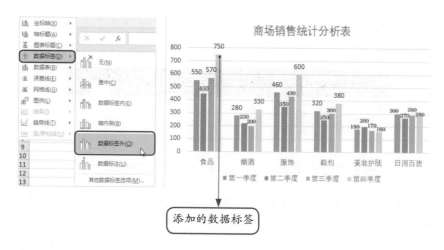

添加的数据标签

## 3  添加数据表

在 Excel 图表下方添加数据表，用来代替图例、坐标轴标签和数据系列标签等，看起来非常直观、明确。具体操作步骤如下。

步骤 01 选中图表，单击【图表工具 - 设计】选项卡下【图表布局】组中的【添加图表元素】按钮，如下图所示。

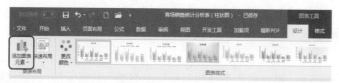

步骤 02 选择【数据表】下的【显示图例项标示】选项，如左下图所示，添加后的效果如右下图所示。

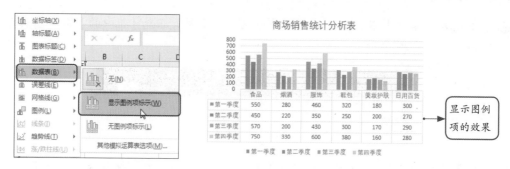

显示图例项的效果

其实，以上三种操作还可以用更简单的方法来完成。

选中图表，单击图表右上角的【图表元素】按钮，在弹出的菜单中根据需要进行选择，如下图所示。

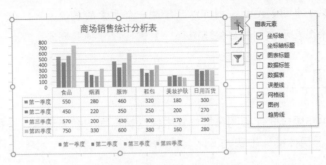

将鼠标移动到某一个元素上时，会有更详细的级联菜单出现，用户可以根据需要进行选择，如下图所示。

如果仍不满意，可以单击【更多选项】按钮，此时系统会弹出相应的设置任务窗格，可以进行更多的设置。当然，需要注意的是，单击不同图表元素的【更多选项】按钮时，弹出的设置任务窗格会不一样。下图所示为选择数据标签时显示的任务窗格。

**提示：** 此外，还有以下的编辑技巧。

（1）双击任意的图表元素，都可以弹出相应的设置任务窗格。

（2）单击两次某一个图表元素，则可以只修改一个元素的属性。

（3）选择想删除图表元素，然后按【Delete】键，即可将其删除。

## ④ 调整图表布局

Excel 内提供多种布局样式，不同布局样式中包含有不同的图表元素，选择图表布局即可快速调整图表的显示效果。具体操作步骤如下。

**步骤 01** 选择图表，如左下图所示。

**步骤 02** 单击【图表工具 – 设计】选项卡下【图表布局】组中的【快速布局】按钮，如右下图所示。

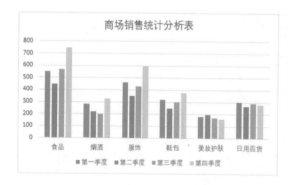

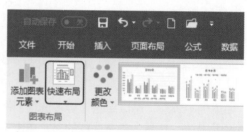

**步骤 03** 选择布局样式，如下图所示。

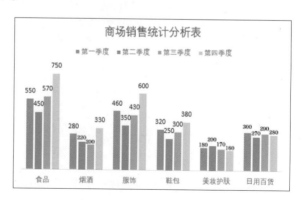

## 5  修改图表样式

设置图表样式是美化图表的常用操作,可以使用内置的图表样式,也可以自定义图表样式。具体操作步骤如下。

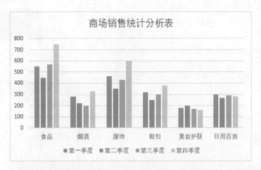

**步骤 01** 选择图表,如右图所示。

**步骤 02** 单击【图表工具 – 设计】选项卡下【图表样式】组中的【样式4】按钮,如右图所示。

**步骤 03** 修改图表样式后效果如右图所示。

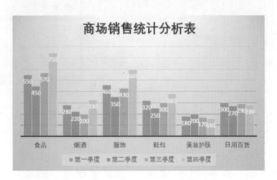

## 6  更改图表类型

如果对选择的图表类型不满意,用户还可以根据需要更改创建的图表类型。具体操作步骤如下。

**步骤 01** 选择图表,如左下图所示。

**步骤 02** 单击【图表工具 – 设计】选项卡下【类型】组中的【更改图表类型】按钮,如右下图所示。

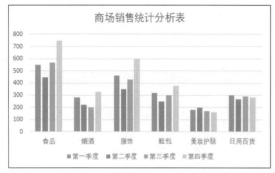

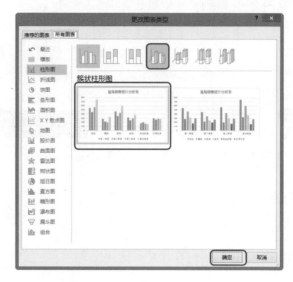

步骤 **03** 选择要更改的图表类型，单击【确定】按钮，如右图所示。

## 7 修改图表数据

　　创建图表后，如果增加或删除了原数据，可以通过选择数据重新设置图表。此外，如果在不修改原数据的情况下，更改图表中显示的数据，也可以通过选择数据来改变图表的显示效果。具体操作步骤如下。

步骤 **01** 选中图表，单击【图表工具－设计】选项卡下【数据】组中的【选择数据】按钮，如左下图所示。

步骤 **02** 在打开的【选择数据源】对话框中重新添加要显示的数据或删除不需要显示的数据，单击【确定】按钮，如右下图所示。

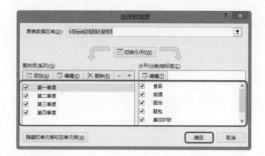

**提示：** 如果只需要切换行列关系，可以单击【选择数据源】对话框中的【切换行／列】按钮，或者直接单击【图表工具－设计】选项卡下【数据】组中的【切换行／列】按钮。

# 3.5 巧用主次坐标轴和辅助列

教学视频

在很多情况下，应分清主次，图表也不例外。在包含多项数据的图表中，尤其在组合图表中，将其中的数据系列数值设置为主次坐标轴，可以更加直观地显示数据。

主次坐标轴的配合使用多用于数据系列数值差别较大的图表，可以将数值很大或很小的数据系列单独用次坐标轴来显示。

例如，某工厂生产八种规格的灯泡，各种规格灯泡的产量和不合格率如下图所示。

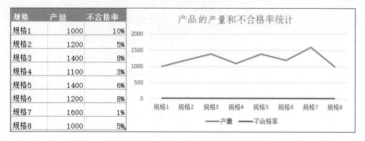

由图可知，虽然在一个图表中，但不合格率的数据波动不明显，无法体现其波动特点。此时，应该选用另一种方法，也就是本节所讲的——巧用主次坐标轴和辅助列。

步骤 **01** 选择图表中的"不合格率"数据系列并右击，在弹出的快捷菜单中选择【设置数据系列格式】选项，如左下图所示。

步骤 **02** 在打开的【设置数据系列格式】任务窗格中选中【系列选项】组中的【次坐标轴】单选按钮，如右下图所示。

**步骤 03** 在图表右侧增加次坐标轴，使"不合格率"在次坐标轴中显示，如左下图所示。

**步骤 04** 右击图表中的数据类型"产量"，在弹出的菜单中选择【更改系列图表类型】选项，如右下图所示。

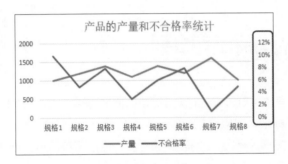
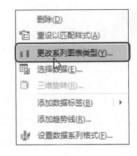

**步骤 05** 将"产量"的图表类型设置为【簇状柱形图】，单击【确定】按钮，如左下图所示。

**步骤 06** 生成柱形图与折线图的组合图表，如右下图所示。

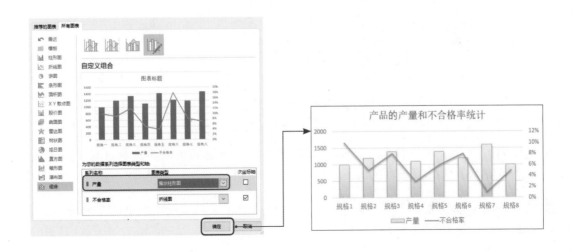

## 3.6 高效图表操作技巧

掌握常用的图表操作技巧，不仅能提高创建和编辑图表的效率，还可以使图表更美观、专业，获得他人的青睐。

### 1 选择图表元素的技巧

选中图表区域或绘图区域的方法很简单，但选中数据系列中的单个图形、单个数据标志或单个数据标签时，就需要一定的技巧。具体操作步骤如下。

步骤 01 选择整个数据系列，如左下图所示。

步骤 02 再次选择一个图形，即可选择单个图形，如右下图所示。

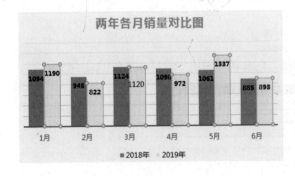

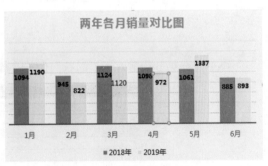

步骤 03 选中单个对象后即可进行单独修改，如添加数据标签，如右图所示。

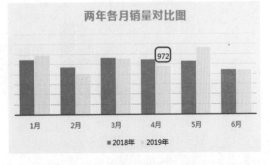

## ② 局部调整数据

如果有一个已经完成的图表，突然发现少了一行数据，需要在原始数据表中添加一行数据，或者删除一行数据，是不是需要重新作图呢？下图所示是制作完成的图表，现在需要在下方插入"衬衣"相关数据。

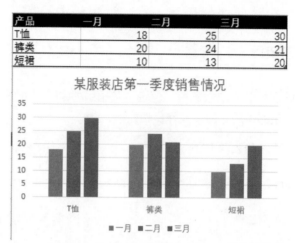

下图中，在第5行输入了"衬衣"相关的数据，怎样将"衬衣"数据添加到图表中呢？

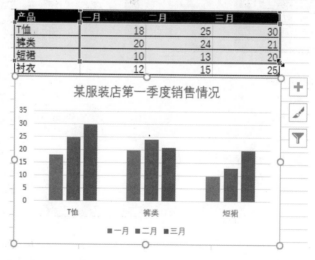

选中图表后，只需要拖曳数据区域右下角的控制柄至需要的位置，即可自动将新加的数据添加到图表中，效果如下图所示。

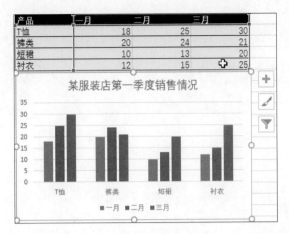

| 产品 | 一月 | 二月 | 三月 |
|------|------|------|------|
| T恤 | 18 | 25 | 30 |
| 裤类 | 20 | 24 | 21 |
| 短裙 | 10 | 13 | 20 |
| 衬衣 | 12 | 15 | 25 |

**提示：** 在 Excel 2016 中，在修改表格原始数据时，系统会自动修改对应的图表。

## ③ 平滑设置使折线更美观

折线图是由多条线段连接起来的，看起来有些生硬，如果希望折线圆润，具有曲线美，可以使用 Excel 中的"平滑线"功能，具体操作步骤如下。

**步骤 01** 选择图表中的数据系列并右击，在弹出的快捷菜单中选择【设置数据系列格式】命令，如左下图所示。

**步骤 02** 在打开的【设置数据系列格式】任务窗格中选中【平滑线】复选框，如右下图所示。

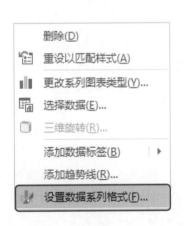

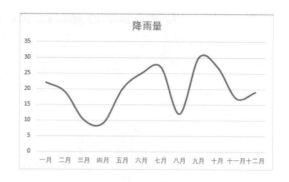

步骤 **03** 设置平滑线后的效果，如右图所示。

## 4  用图片定格图表

　　图表是根据数据自动绘制而成，当数据发生变化时，图表也会发生相应的变化。因此，想要定格图表，只有将其转化为图片格式。

　　按【Ctrl+C】组合键，复制要转换为图片格式的图表，选择要粘贴图片的位置，单击【开始】选择卡下【剪贴板】组中【粘贴】按钮，选择【图片】选项即可，如下图所示。

## 5  修复断掉的折线

　　如果数据缺失或错误，可能会造成图表不连续，折线图会出现断裂，如下图所示。

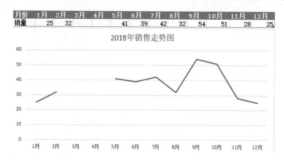

可以考虑将缺失的值用"0"来代替，如下图所示。

如果要设置将空单元格显示为"零值"，在【选择数据源】对话框中单击【隐藏的单元格和空单元格】按钮，在弹出的【隐藏和空单元格设置】对话框中选中【空单元格显示为】中的【零值】单选按钮，单击【确定】按钮即可，如下图所示。

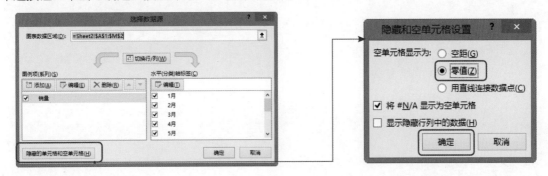

## 6 自动导入图表标题

通过引用单元格可以自动导入图表标题，避免标题输入错误，具体操作步骤如下。

步骤 01 选择图表标题，如右图所示。

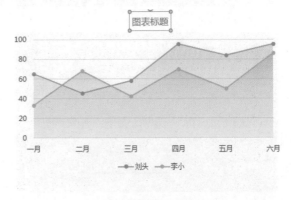

步骤 02 在编辑栏中输入"=",如右图所示。

步骤 03 单击要引用文字的单元格,如下图所示。

步骤 04 按【Enter】键即可,如右图所示。

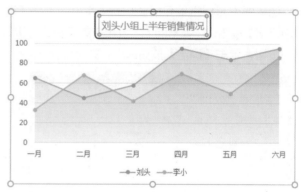

## 7 学会选择性粘贴

如果比较喜欢一个图表的样式和颜色设置,仿照着做一个又有难度,如想把下图所示的第 2 张图做成和第 1 张一样,有什么好的方法吗?

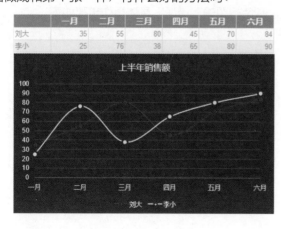

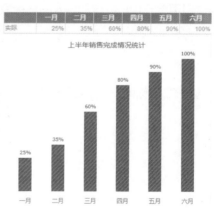

这里介绍一种非常简单的方法——选择性粘贴。

复制第 1 个图表，然后选择第 2 个图表，单击【开始】选项卡下【粘贴板】组中的【粘贴】按钮，选择【选择性粘贴】选项。弹出【选择性粘贴】对话框，选中【格式】单选按钮，如左下图所示。单击【确定】按钮，即可看到复制第 1 个图表后的效果，如右下图所示。

 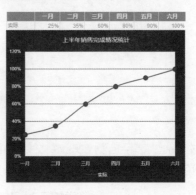

本章主要介绍制作图表的技术准备，在结束本章内容之前，不妨先测试一下本章的学习效果，打开"素材\ch03"文件夹中的素材文件，分别按照要求完成相应的操作，如果能顺利完成，则表明已经掌握了本章的内容；如果不能，就再认真学习一下本章的内容，然后学习后续章节吧。

高手点拨

（1）打开"素材\ch03\高手自测 1.xlsx"文件，根据表中提供的数据创建组合图，并美化创建的组合图图表，如下图所示。

| 姓名 | 李灵黛 | 丁玲珑 | 凌霜华 | 文彩依 | 柳婵诗 | 任水寒 | 景茵梦 | 容柒雁 |
| --- | --- | --- | --- | --- | --- | --- | --- | --- |
| 数量 | 48 | 78 | 98 | 112 | 69 | 123 | 150 | 163 |
| 目标数 | 183 | 183 | 183 | 183 | 183 | 183 | 183 | 183 |

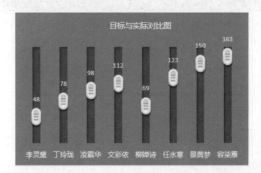

（2）打开"素材\ch03\高手自测 2.xlsx"文件，根据表中提供的数据创建并美化人形条形图图表，如下图所示。

| 地区 | 广州 | 珠海 | 深圳 | 湛江 | 茂名 |
|------|------|------|------|------|------|
| 人口数量 | 88 | 62 | 54 | 50 | 40 |

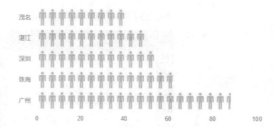

（3）打开"素材 \ch03\ 高手自测 3.xlsx"文件，根据表中提供的数据创建并美化折线图 + 面积图组合图表，美化后的效果如下图所示。

**人力资源各部门人员统计报告**

| 部门\项目 | 开发部 | 销售部 | 人事部 | 财务部 | 设计部 | 运营部 | 总计 |
|------|------|------|------|------|------|------|------|
| 离职人数 | 3 | 10 | 1 | 6 | 2 | 12 | 34 |
| 新进人数 | 10 | 5 | 3 | 4 | 3 | 10 | 35 |
| 原有人数 | 80 | 45 | 15 | 14 | 10 | 60 | 224 |
| 现有总计 | 87 | 40 | 17 | 12 | 11 | 58 | 225 |

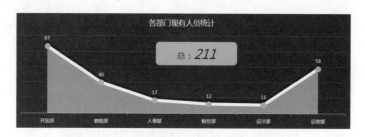

# 第 4 章

# 高手气质：让图表颜值美出新高度

图表好不好，颜值很重要。图表本身就是数据可视化的一种展示方式，而好看的图表，可以提高报表的观感，更专业、更直观地传达信息。

# 懂得色彩搭配图表才会更美

配色是图表美化的关键，色彩往往是人们看图表时首先注意到的，好的配色方案可以使人感觉赏心悦目，给人留下一个好的印象。大多数人做出的图表不尽如人意，图表配色没有把握好是主要原因。

下面通过一些对比图，看看普通图表和经过配色的图表的区别。

（1）单系列柱形图，普通图表如左下图所示，配色后效果如右下图所示。

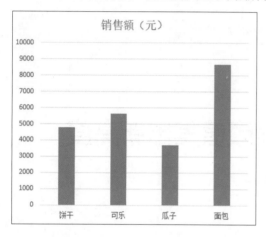
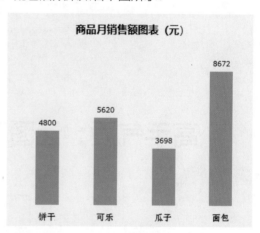

（2）双系列柱形图，普通图表如左下图所示，配色后效果如右下图所示。

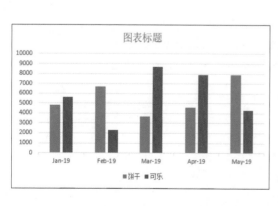
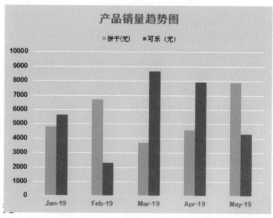

（3）饼状图，普通图表如左下图所示，配色后效果如右下图所示。

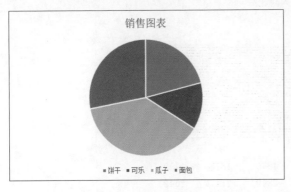 

（4）折线图，普通图表如左下图所示，配色后效果如右下图所示。

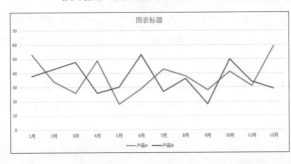 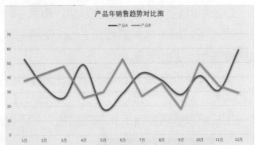

对比以上 4 组图表，哪种效果好不言而喻。专业的图表不但美观，而且在数据呈现和展示上更加清晰、直观，助你在职场中赢得更多的尊重和机会。在本节中，将具体讲述图表配色的技巧和方法。

## 4.1.1 ▶ 用好 Excel 的主题色

教学视频

下图所示是一个颜色较为单一的图表，这类图表已经不符合当前大多数人的审美要求。对于很多需要制作图表的用户来说，为图表搭配出协调、美观的颜色是一件很困难的事情，这时就可以使用 Excel 提供的主题色。

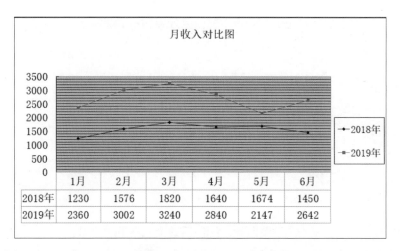

Excel 提供了 23 套主题色方案，每套主题色又包含 12 种颜色搭配。借助 Excel 自带的主题配色方案，可以解决大多数普通 Excel 使用者缺乏专业设计知识或者对颜色不敏感的问题，不懂配色也能做出一手好图表。

单击【页面布局】选项卡下【主题】组的【颜色】按钮 ，可以查看 Excel 自带的主题颜色列表，默认为"Office"主题色。选择【自定义颜色】选项，将会打开【新建主题颜色】对话框，用户可根据需要自定义主题颜色，如下图所示。

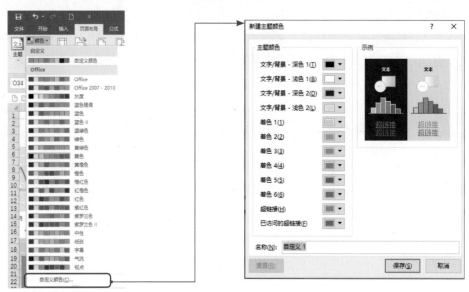

当选择一种主题色后，单击【图表工具—设计】选项卡下的【更改颜色】按钮 ，有许多衍生的主题颜色，包括彩色和单色两种类型供选择，如下图所示。

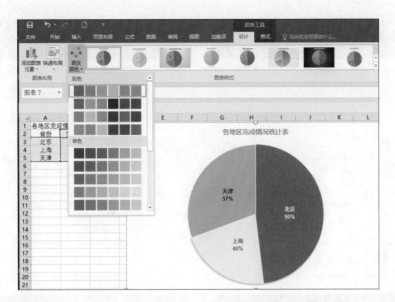

　　如果要切换主题颜色，在选择一种新主题色后，所有使用了这些颜色的图表元素都会自动变成新主题色方案中对应的颜色。此时，用户可以根据需要，尝试切换主题颜色，查看不同的颜色效果。下图所示为"Office"主题颜色效果。

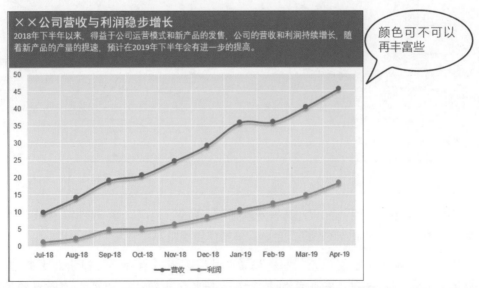

　　如果需对主题色方案进行更改，可单击【页面布局】选项卡下【颜色】按钮，即可一键秒变各种颜色，以满足不同客户的需求，下图所示分别为应用灰度主题配色、蓝色暖调主题配色、黄色主题配色及字幕主题配色后的效果。

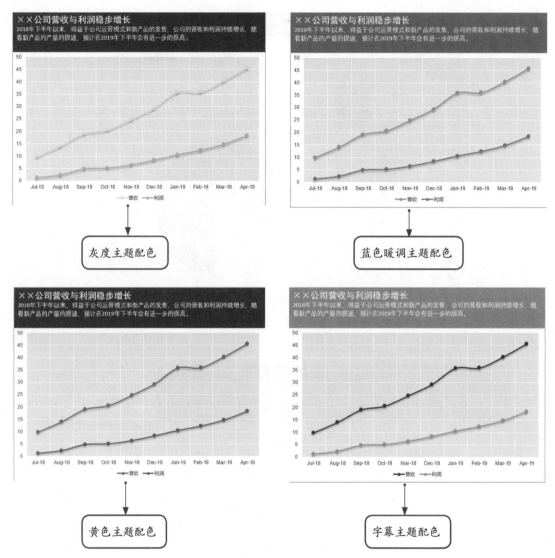

对图表进行主题色应用后，如果对某些元素颜色不满意，也可以逐一替换。例如，更改为上述折线图的"营收"和"利润"的线条颜色，具体操作步骤如下。

**步骤 01** 选择要更换颜色的图表元素，如选择"营收"系列，右击，在弹出的工具栏中，单击【填充】下拉按钮，在颜色列表中选择要更改的颜色，即可更改图形的填充色，如左下图所示。

步骤 02 单击【轮廓】下拉按钮，在颜色列表中选择要应用的颜色，即可更改线条的颜色，如右下图所示。

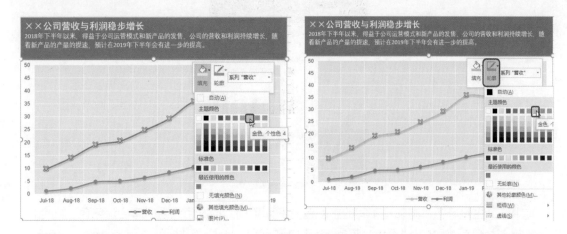

**提示：** 如果图表系列是图形，如矩形、圆形等，修改其颜色需要修改内部填充色和外部轮廓色；如果是单一的线条，如直线、曲线，仅需调整轮廓颜色即可。

步骤 03 使用同样方法，调整"利润"系列的颜色，如右图所示。

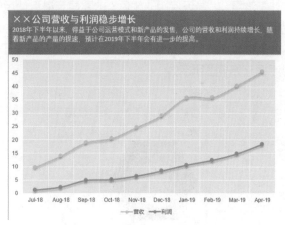

## 4.1.2 ▶ 定义你喜欢的颜色

虽然 Excel 已经给用户提供了方便的主题颜色，有很多选择，但是如果久经职场，面对千篇一律的图表，默认颜色就未必能带来新鲜和惊艳的感觉。

在 Excel 中选择图表后，单击【图表工具-格式】选项下【形状样式】组中的【形状填充】按钮 形状填充 ▼ ，可以打开颜色模板及其修改选项，颜色模板部分包含了"主题颜色""标准色"

和"最近使用的颜色"，如下图所示。

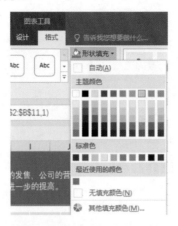

其中，"主题颜色"则随着不同的主题色方案而不同。标准色则是一套由深红色、红色、橙色、黄色、浅黄色、绿色、浅绿色、蓝色、深蓝色和紫色 10 种颜色排列在颜色模板中，固定不变。标准色可以方便用户快速配色，但由于颜色的饱和度很高，色相差别较大，一旦用不好配色，就会非常难看。"最近使用的颜色"主要显示最近使用的 10 种颜色，如果用户要重复使用这些颜色，就会非常方便。

当选择【其他填充颜色】选项，就会弹出包含【标准】选项卡和【自定义】选项卡的【颜色】对话框，如下图所示。

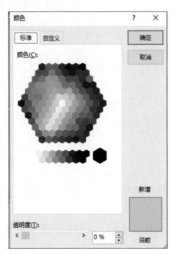

在【标准】选项卡下，系统预设了很多颜色，单击某种颜色即可预览。其中，标准色的上面部分颜色为"冷色调"，给人稳重、冷酷的感觉，下面部分颜色为"暖色调"，给人热情、温暖

的感觉，如下图所示。

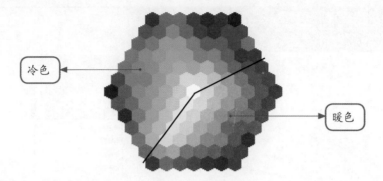

冷色

暖色

在实际应用中，标准色应用较少，下面主要介绍【自定义】选项卡下，通过 RGB 值和 HSL 值自定义颜色的方法。

## 1 通过 RGB 值设置颜色

RGB 是最常见的颜色模式，它是通过颜色发光的原理来设计的。RGB 模式中，显示器的每一个像素点都被赋予了 0 ~ 255 的 3 个值，分别用 R、G、B 来表示。R 是红色（Red）的缩写，G 是绿色（Green）的缩写，B 是蓝色（Blue）的缩写，通过 RGB 值的混合得到最终显示在屏幕上的色彩。

例如，红色 R 值最大为 255，G 和 B 值为 0，它的 RGB 值为（255,0,0）。同理，绿色 RGB 值为（0,255,0），蓝色 RGB 值为（0,0,255），使用这样的不同数值搭配，可以产生 1600 万种颜色，部分颜色及其 RGB 值如下图所示。

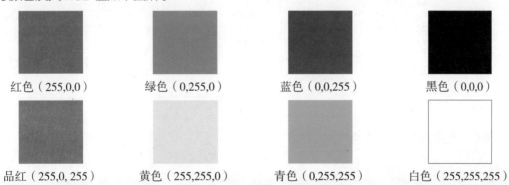

红色（255,0,0）　　　绿色（0,255,0）　　　蓝色（0,0,255）　　　黑色（0,0,0）

品红（255,0, 255）　黄色（255,255,0）　青色（0,255,255）　白色（255,255,255）

在 Excel 中，设置 RGB 颜色，可以打开【颜色】对话框，选择【自定义】选项卡，在【RGB】颜色模式下，通过修改数值，即可定义图表各元素的颜色，尤其是模仿其他优秀图表，按照要求设定颜色，就可以做出一模一样的图表，通过 RGB 精确地设置图表颜色，如下图所示。

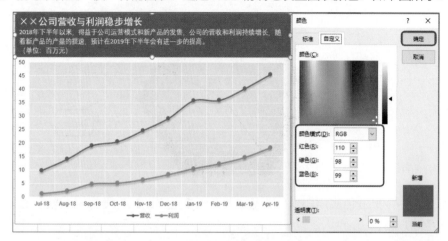

另外，在【RGB】颜色模式下，用户也可以拖动调色板上的"十字光标"和侧面立柱上的"三角形游标"对颜色进行粗略调整，左下图所示为拖动调色板上的"十字光标"进行粗略调整，右下图所示为拖曳侧面立柱上的"三角形游标"对颜色进行精细调整。其中右下角的【新增 - 当前】窗口，可以直观地对比调整前后的变化。

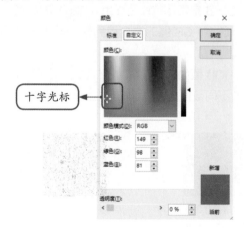
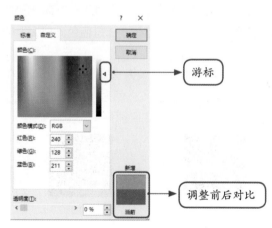

## ② 通过 HSL 值设置颜色

RGB 是根据显示器定义的一种颜色模式，具有精确的特点，但总让人难以想象它到底是什么颜色，而 HSL 可以准确地表达颜色，也是很多设计师较为喜欢的颜色模式。

在 HSL 颜色模式中，H 代表色相或色调（Hue），S 代表饱和度（Saturation），L 代表亮度

（Lightness），其数值范围也是 0~255。

在 Excel 中，为图表设置 HSL 颜色，与设置 RGB 颜色操作方法相同，在【颜色】对话框中【自定义】选项卡下单击【颜色模式】右侧下拉按钮，切换至【HSL】，如左下图所示，即可设定 HSL 颜色，如右下图所示。

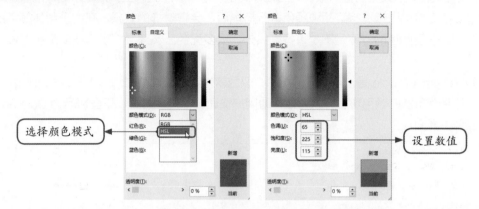

下图中的色调均为"76"，通过调整饱和度和亮度得到一组新的配色方案。其中，随着饱和度的增加，颜色越加鲜艳，而降低亮度，即会得到较深的颜色。

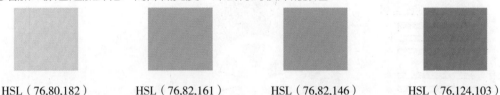

HSL（76,80,182）　　　　HSL（76,82,161）　　　　HSL（76,82,146）　　　　HSL（76,124,103）

因此，如果想为图表应用临近色的配色方案，那么 HSL 模式就极为适合，下图所示为使用上述配色方案制作的一个图表效果。

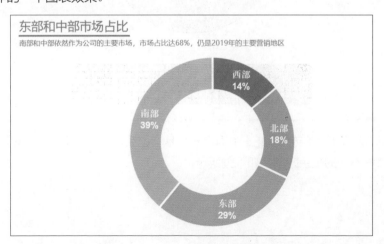

在使用 Excel 时，如果内置的颜色无法让你满意，可以通过配色工具搭配出更好的颜色效果。

通过配色工具可以预览将某两种颜色进行搭配后，会有怎样的效果，有助于判断颜色的选择是不是合理，以及颜色的方案是不是可行。另外，很多配色工具还会提供丰富的配色方案，供你参考。

ColorSchemer Studio 是一款经典的配色、取色软件，可搜索超过 100 万种现有的配色方案进行调色，还带有丰富的颜色块，可以有效帮助用户快速选择配色方案。下图所示为 ColorSchemer Studio 软件主界面。

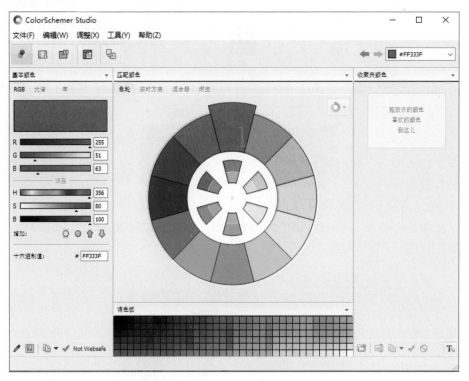

用户在【基本颜色】面板或【色轮】中确定一种基本色后，可以在【实时方案】【混合器】【渐变】选项卡下查看不同的配色方案，如下图所示。

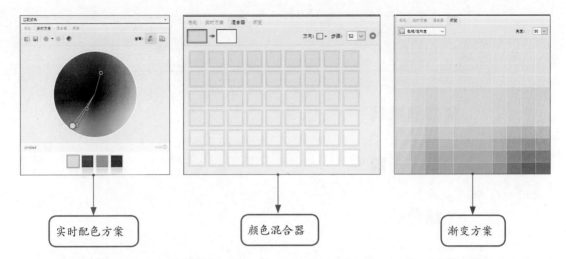

实时配色方案　　　　　　颜色混合器　　　　　　渐变方案

通过软件确定一种满意的颜色配色方案后，根据颜色的 RGB 值即可在 Excel 图表中进行配色填充，下图所示为对图表进行配色前后对比效果图。

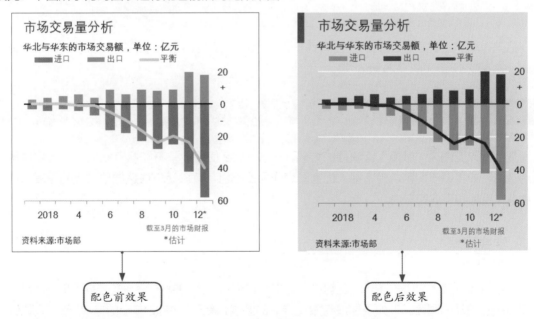

配色前效果　　　　　　　　　　　　　配色后效果

如果不想在配色上花费太多功夫，可以通过软件的"图库浏览器"功能，浏览丰富的配色方案，四百多万种方案，可以满足不同的使用需求，如下图所示。

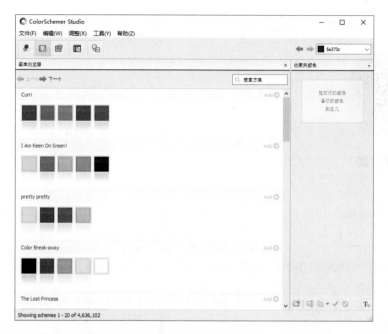

另外，除了上述配色工具外，还有许多网页版配色工具，无须安装，在线配色，如 Adobe Color CC、Colorsupply、Colordot 等。

## 4.1.4 巧借他山之"色"

配色是改变图表"颜值"最快捷的方式，一般 Excel 使用者并不能像专业设计人士那样熟练运用色彩，如果懒于配色，借鉴别人优秀图表作品的配色，可以让你快速做出漂亮的图表，这是一种非常保险和高效的方法。

### 1 学会观摩

日本管理专家大前研一在《问题解决力》书中说道："人们制作不出美观的图表，是因为他们没有见过美观的图表。"如果你没有看过专业的图表，就无法突破 Excel 的默认色，只能做出软件默认效果的图表，即便有长时间的使用经验，也不会有任何提高。

因此，一定要多学习、多观摩，看专业图表的配色是如何把图表做得高端、大气，艳而不俗的。另外，也可以从一些优秀的广告作品、海报、杂志、网站上积累色彩搭配的经验，获取制图灵感。

例如，下图所示为一个网站的首页图，其配色主要采用了蓝、黑、灰三种颜色。

　　拾取网页使用的配色，有以下 4 种，其中蓝色（RGB：72,124,144）为主色调，黑色、灰色为主要配色，而 Excel 图表中，可以选择蓝色为图表主体色、黑色或灰色为背景色，衬托图表主体，又不喧宾夺主，而白色可以作为部分字体颜色或背景，如下图所示。

RGB：0,0,0

RGB：255,255,255

RGB：72,124,144

RGB：225,224,225

　　为图表按照上面 4 种 RGB 值配色后，效果如下图所示。

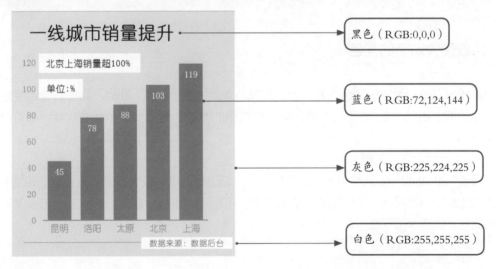

## ② 善于模仿

模仿在任何领域和行业都适用。想要做出好的 Excel 图表，可以寻找一些优秀的作品，"依葫芦画瓢"，就可以提升操作水平和色彩品位。下图所示为年度销量趋势对比图表，通过该表可以模仿做出其他柱形双系列对比图、雷达图等。

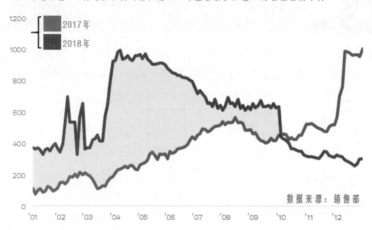

## ③ 拾取优秀图表的配色

如果找到了满意的图表配色方案，如何将其应用到 Excel 中呢？此时，需要屏幕取色软件，将图表中的颜色进行 RGB 取值，下面介绍两种常用的方法，无须安装多余的软件，即可满足使用需要。

（1）使用"画图"工具。

"画图"是 Windows 系统中自带的应用，使用它进行取色，极为方便。将要取色的图表，以图片的形式粘贴到"画面"工作区域，单击【主页-工具】组中的【颜色选取器】按钮 ✐，即可在图表的色彩区域单击取色，如下图所示。

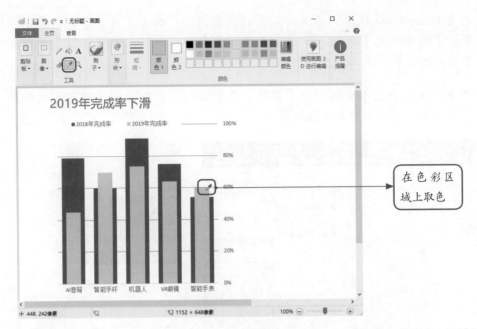

取色完成后，单击【颜色】功能区中的【编辑颜色】按钮，打开【编辑颜色】对话框，即可看到该颜色的 RGU（RGU 和 RGB 的值相同，本质一样）值为 255,192,0。同样方法，可以汲取其他颜色并记录，然后在 Excel 中进行颜色设置即可，如下图所示。

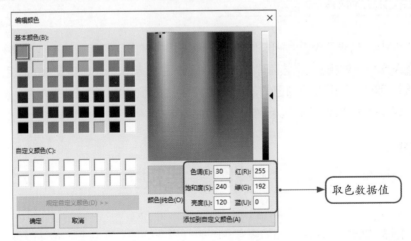

（2）使用 PowerPoint。

PowerPoint 2013 以上版本提供了"取色器"，可以快速汲取图案颜色，借助该软件进行取色，具体操作步骤如下。

步骤 **01** 打开 PowerPoint 软件，插入要取色的图表图片，单击【开始】选项卡【字体】组中的【字体颜色】按钮，弹出【主题颜色】面板，单击【取色器】按钮，然后在想取色的位置单击，如左下图所示，即可完成取色。

步骤 **02** 单击【主题颜色】面板下的【其他颜色】按钮，在弹出的【颜色】面板中，可看到取色的数据值，如右下图所示。

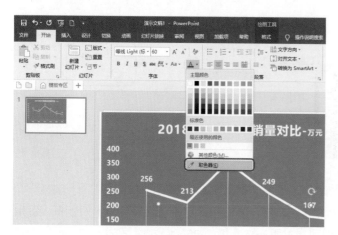
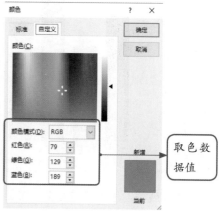

## ④ 打造自己的素材库

在日常工作中，花费了大量时间制作的某个图表，或者遇到的优秀的商业图表，要善于积累和管理这些图表素材，如模板、图标等，这会对以后的图表制作，起事半功倍的作用。

在建立素材库时，可以按照自己的使用和检索习惯进行归类，如可以按颜色、行业、元素等进行分类，如果是图表模板，也可以建立一个图片目录，这样方便快速查找。

## 4.2 调整设置，提升图表呈现力

在解决了图表的配色问题后，如何像专业图表一样准确地呈现数据，传达有效信息，揭示数据背后规律，是每个数据工作者面临的难题。本节将通过图表布局、坐标轴设置、字体设置及细节处理介绍如何提升图表的呈现力，实现数据可视化。

在 Excel 中创建的图表，其默认布局都大同小异，主要由图表标题、图表区和图例组成，如下图所示。

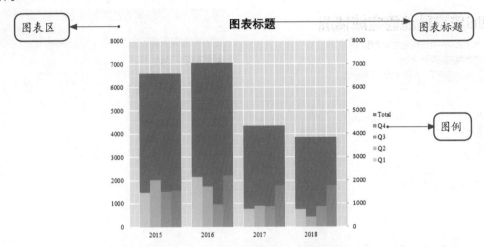

在默认布局的基础上，用户可以使用【添加图表元素】按钮 为图表添加元素，也可以使用【快速布局】按钮 快速更改布局设置，还可以通过【图表样式】快速应用不同的布局和效果，如下图所示。

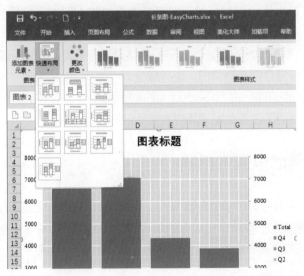

一般情况下，图表默认结构并无太大问题，也可以满足基本使用要求，但对图表有更专业或更高要求时，就显得不够完美。如简单的标题，无法传达更多的信息，图表区留白过多，图表呈现过于分散等。左下图所示为一个专业的信息图表，右下图所示为图表组成结构图，可以看到，其主要由主标题区、副标题区、图例区、绘图区和脚注区组成，从上到下竖向构图，结构紧凑，在很小的空间内却呈现了很多数据。

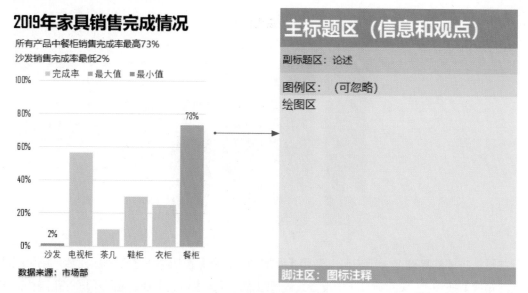

专业图表组成的 5 个部分，在布局上可以注意以下几点。

（1）主标题区。可以删除默认标题，使用文本框代替，以方便编辑。在字体上建议使用大号字体，突出标题区。

（2）副标题区。可根据情况对图表数据呈现的结果进行提炼，方便阅读者快速掌握数据信息。

（3）图例区。可根据数据系列情况，进行取舍。

（4）绘图区。绘图区不宜占的面积过大，图表数据清晰即可，否则就会显得粗糙。

（5）脚注区。主要用于注释数据来源或者特别注释内容。

## 4.2.2　合理地设置坐标轴

在 Excel 图表中，主要分为分类轴和数据轴。分类轴用于表示图表中需要比较的各个对象，而数据轴则是根据数据的大小来自定义数据的单位长度，它们都是极为关键的部分，如果不能合理地设置坐标轴，不仅影响读者观看，而且容易扭曲数据要表达的意思。

# 1 分类轴的设置

图表设计中，如果分类轴中的数据标签显示过于拥挤或设置不当，都会影响数据的正常阅读和图表美观。

（1）倾斜标签要不得。

在制作图表中，有时会遇到分类标签文字过长，而图表宽度太长，导致 $X$ 坐标轴上的数据标签倾斜显示，给阅读者造成不便，如下图所示。

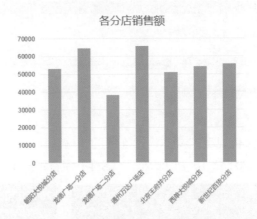

此时，可以使用【Alt+Enter】组合键，在数据表中对分类标签文本进行强制换行，如左下图所示。如果标签很长，可以进行多次换行。调整分类标签后，图表效果如右下图所示。如果标签还是倾斜，适当调整一下图表长度即可。

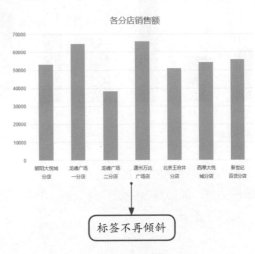

| 分店名称 | 销售额 |
| --- | --- |
| 朝阳大悦城分店 | 53040 |
| 龙德广场一分店 | 64680 |
| 龙德广场二分店 | 38346 |
| 通州万达广场店 | 65913 |
| 北京王府井分店 | 50974 |
| 西单大悦城分店 | 54282 |
| 新世纪百货分店 | 55740 |

调整分类标签

标签不再倾斜

如果不希望使用换行符，将柱形图改为条形图，也可解决此类问题。更改图表类型后效果如下图所示。

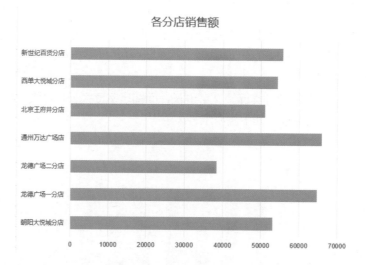

另外，将轴标签分类为有规律的文本，如连续的年份、日期，不要写成"2017、2018、2019……"，可以简写成"2017、18、19……"，这样不但看起来简单，也很清晰明了。

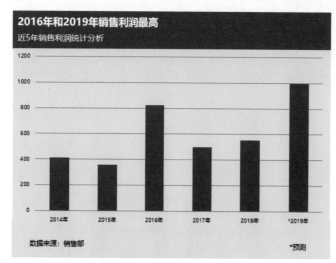

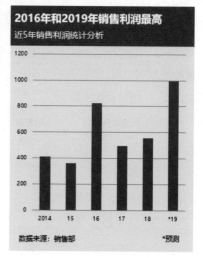

（2）合理安排条形图类别名称位置。

制作条形图时，原始数据中包含有负值，如左下图所示，数据标签会显示在条形图内，看起来不美观，如右下图所示。

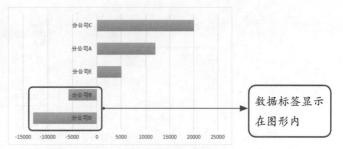

| ▲ | A | B |
|---|---|---|
| 1 | 分公司名称 | 盈亏值 |
| 2 | 分公司D | -13000 |
| 3 | 分公司B | -5800 |
| 4 | 分公司E | 5000 |
| 5 | 分公司A | 12000 |
| 6 | 分公司C | 20000 |

可以更改数据源格式，添加辅助列，之后更改图表格式，具体操作步骤如下。

步骤 **01** 新建"左侧"列，在 C2 单元格输入公式"=IF(B2>0,−1,NA())"，并填充至 C6 单元格；然后再新建"右侧"列，在 D2 单元格输入公式"=IF(B2<0,1,NA())"，并填充至 D6 单元格，如下图所示。

| ▲ | A | B | C | D |
|---|---|---|---|---|
| 1 | 分公司名称 | 盈亏值 | 左侧 | 右侧 |
| 2 | 分公司D | -13000 | #N/A | 1 |
| 3 | 分公司B | -5800 | #N/A | 1 |
| 4 | 分公司E | 5000 | -1 | #N/A |
| 5 | 分公司A | 12000 | -1 | #N/A |
| 6 | 分公司C | 20000 | -1 | #N/A |

步骤 **02** 更改原始数据后创建条形图，如左下图所示。

步骤 **03** 删除数据标签，并设置坐标轴格式的【显示格式】为"千"，如右下图所示。

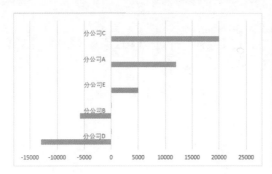

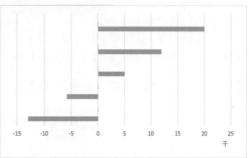

步骤 **04** 选择【格式】→【当前所选内容】→【系列"左侧"】选项，如左下图所示。

步骤 **05** 选择【设计】→【图表布局】→【添加图表元素】→【数据标签】→【数据标签内】选项，如右下图所示。

步骤 ⑥ 选择数据标签并右击，选择【设置数据标签格式】选项，如左下图所示。

步骤 ⑦ 选中【类别名称】复选框，撤销选中其他复选框，如右下图所示。

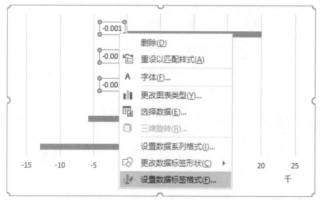

使用同样的方法设置【系列"右侧"】系列，并设置【系列"右侧"】和【系列"右侧"】的【形状填充】为"无填充"，设置【形状轮廓】为"无轮廓"。

步骤 ⑧ 选择数据系列，设置【系列重叠】为"100%"，【间隙宽度】为"38%"，如下图所示。

步骤 ⑨ 设置完成后的条形图如下图所示。

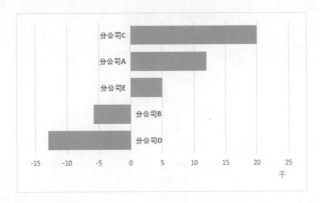

（3）数据点落在横坐标轴刻度线上。

在用折线图和面积图表示时间系列数据时，如果数据点落在了两个时间类别中间，容易误解数据日期，如左下图所示。因此，各个数据点一定要落在横坐标轴，即时间轴的刻度线上，如右下图所示。

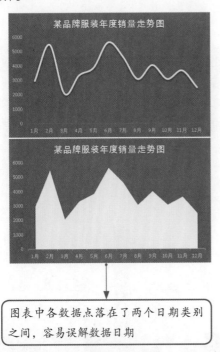

图表中各数据点落在了两个日期类别之间，容易误解数据日期

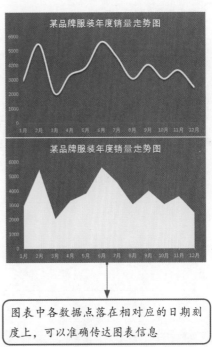

图表中各数据点落在相对应的日期刻度上，可以准确传达图表信息

创建图表后，选择横坐标轴，打开【设置坐标轴格式】任务窗格，在【坐标轴选项】下【坐标轴位置】选项组中单击选中【在刻度线上】单选按钮即可，如下图所示。

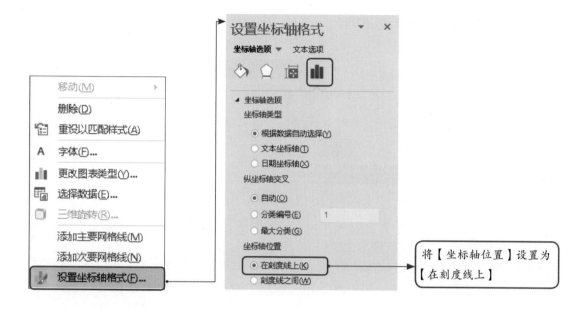

将【坐标轴位置】设置为【在刻度线上】

## 2 数据轴的设置

数据轴影响着图表的数据呈现效果，如果设置或处理不好，很容易呈现出错误的视觉效果。例如，体育比赛记录、卫星轨道偏离度等，这种"敏感型"数据，差别微小，在坐标轴的处理上应体现数据的微小变化。

下图为两个销售额的柱形图，使用了完全相同的数据，左下图则无法体现各组的销售额差异，而右下图则更能体现"四组"销售额的领先程度。

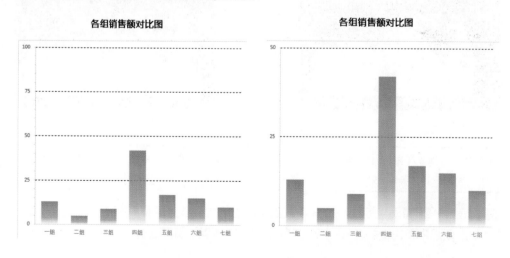

由此可以看出数据轴设置的重要性，下面介绍几个数据轴的设置技巧。

（1）数据轴起始值从"0"开始。

如果原始数据差异不是很大，Excel 会默认调高纵坐标的起点以突出差异性，但这种差异会导致同样的数据呈现的效果不同，引起错觉。所以将纵坐标轴设置为从"0"开始能更准确地展示数据之间的差异。

下面两个图表，左下图以"75"为起始值，很容易让人误认为 4 季度比 1 季度销售额增长了500%，但右下图以"0"为起始值，可以看出仅增长了 25%。

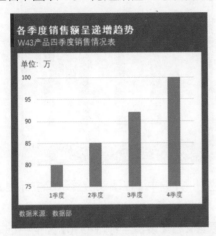
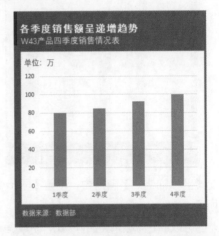

如果要更改纵坐标显示效果，可以在数据轴上右击，在弹出的快捷菜单中选择【设置坐标轴格式】选项，如左下图所示。然后在【设置坐标轴格式】任务窗格设置坐标轴的最小值和最大值即可，如右下图所示。另外，可以通过设置"单位"，调整纵坐标轴间隔。

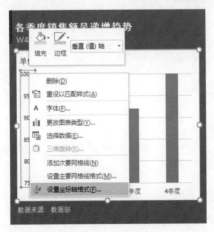

（2）纵坐标数据格式。

纵坐标列数值较大时，特别是十万、百万等数据，难道要让大家费力地数有几个 0，如左下图所示。这时就可以设置纵坐标的数据格式，提升图表的可视效果，让图表更简洁，易于阅读，如右下图所示。

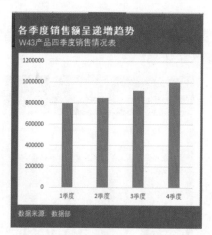
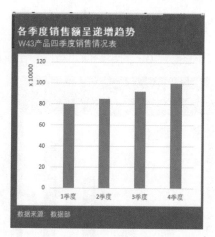

在【设置坐标轴格式】窗格中，设置【显示单位】，并选中【在图表上显示单位标签】复选框，如左下图所示。

另外，也可以通过添加单位的形式，使数据更易读。在【设置坐标轴格式】窗格中选择【数字】选项，在【类别】中选择【自定义】选项，然后输入自定义代码，单击【添加】按钮，如右下图所示。

此时，图表即可以自定义的单位进行显示，如下图所示。

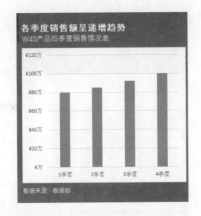

（3）主次坐标轴刻度线要对称。

在 Excel 图表中，主次坐标轴是图表中较为常用的呈现方式，由于两种数据对比不同，无法在同一数据轴上体现，通过次坐标轴就可以清晰、直观地展示数据的变化。

下图所示为一个双坐标轴图表，其中主坐标轴有 7 个刻度，次坐标轴有 11 个刻度，它们的刻度和网格线都不对称，看起来很不方便，因此需要对次坐标轴的最大值和刻度单位进行调整。

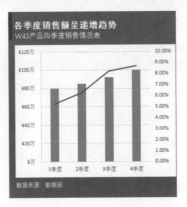

此时，设置次坐标轴的最大值为"0.12"，刻度单位为"0.02"，如下图所示。

即可得到一个主次坐标轴对称的图表，如下图所示。

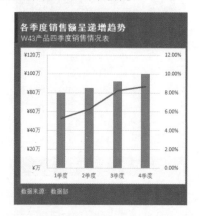

使用更为简洁醒目的字体

　　字体也是影响图表美观和专业度的因素之一。新建的图表一般采用Calibri、宋体或等线字体，Excel版本不同，默认字体或稍有区别。一般情况下，很少有人会想到去修改它，在这种设置下，做出的图表，很难呈现出专业的效果。

　　在字体设计中，文字分为衬线体和无衬线体。其中衬线字体是在字的笔画开始、结束的地方有额外的装饰，而且笔画的粗细会有所不同；而无衬线体是没有这些额外的装饰，而且笔画的粗细差不多，下图所示为衬线体和无衬线体的区别。

| 衬线体 | Times New Roman | 123456789 |
| | 宋体 | 123456789 |
| 无衬线体 | Arial | 123456789 |
| | 黑体 | 123456789 |

　　通过上图可以对比看出，衬线体字体的优势是易读性高，而无衬线体的优势是清晰醒目。在

专业图表中，多采用无衬线字体，无论中英文。在设置图表的字体时，数字和英文可以采用 Arial 字体，8~10 磅，中文可以使用黑体，下图所示为有衬线和无衬线图表效果的对比。

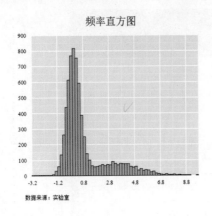

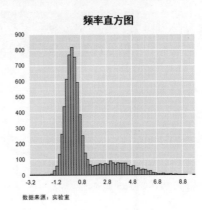

## 4.3 突出显示图表重点数据

在一些图表中，突出重点数据，可以使阅读者高效浏览表格，提高分析和决策效率。下面介绍处理图表重点数据的一些技巧。

### 1 突出最大值

要在图表中突出显示重点数据，最简单的方法就是将要突出的数据设定不同的颜色，这样就便于区分，突出对比，如下图所示即为设置前、后的效果。

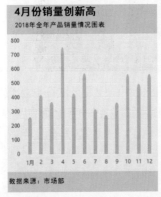

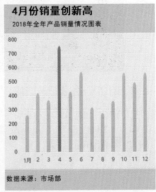

另外，还可以借助 Excel 中的形状或者线条，直接在图表中标识出重要的数据，效果如下图所示。

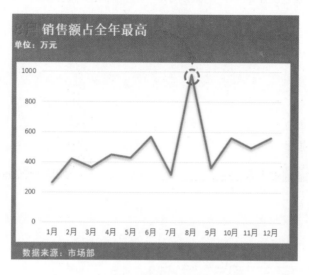

## ② 突出特定日期

在制作图表时可以突出显示特定日期的数据，下图即为突出显示"周日"的销量情况的图表，可以比较清晰地查看和对比周日的销售情况。

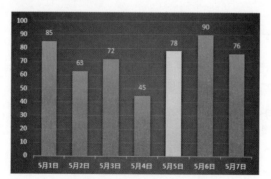

制作这样的图表，虽然可以手动设置特定日期的颜色，但是无法在原始数据更新后，自动更新。下面介绍通过添加辅助列为特定日期设定不同的颜色，以达到一劳永逸的目的，具体操作步骤如下。

步骤 **01** 输入数据源，如下图所示。

| | A | B |
|---|---|---|
| 1 | 日期 | 销售量 |
| 2 | 5月1日 | 85 |
| 3 | 5月2日 | 63 |
| 4 | 5月3日 | 72 |
| 5 | 5月4日 | 45 |
| 6 | 5月5日 | 78 |
| 7 | 5月6日 | 90 |
| 8 | 5月7日 | 76 |

步骤 02 选中 C2:C8 单元格区域，在编辑栏中输入公式"=B2/(WEEKDAY(A2)=1)"，按【Ctrl+Enter】组合键填充输入，如下图所示。

| C2 | | | fx | =B2/(WEEKDAY(A2)=1) | | |
|---|---|---|---|---|---|---|
| | A | B | C | D | E | F |
| 1 | 日期 | 销售量 | 周日 | | | |
| 2 | 5月1日 | 85 | #DIV/0! | | | |
| 3 | 5月2日 | 63 | #DIV/0! | | | |
| 4 | 5月3日 | 72 | #DIV/0! | | | |
| 5 | 5月4日 | 45 | #DIV/0! | | | |
| 6 | 5月5日 | 78 | 78 | | | |
| 7 | 5月6日 | 90 | #DIV/0! | | | |
| 8 | 5月7日 | 76 | #DIV/0! | | | |
| 9 | | | | | | |
| 10 | | | | | | |

**提示：** WEEKDAY () 函数用于返回某日期的星期数，由于公式中没有输入第二个参数，如果是周日，就返回"1"，如果是周二，就返回"2"，以此类推。当日期为周日时，"(WEEKDAY(A2)=1)"返回的是"TRUE"，即"1"，由于公式返回的是对应的 B 列单元格中的数值，当日期为其他时，则返回的是"FALSE"，即"0"，整个公式将返回错误值。

步骤 03 创建一个柱形图表，如下图所示。

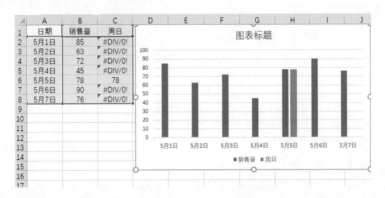

步骤 04 双击图表中的柱子系列，打开【设置数据系列格式】任务窗格，设置系列重叠为"100%"，如右下图所示。

步骤 ⑤ 设置后的图表效果，如左下图所示。

步骤 ⑥ 美化图表，并添加数据标签即可，如右下图所示。

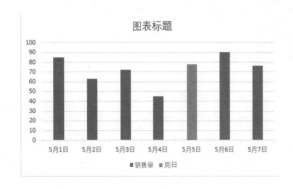

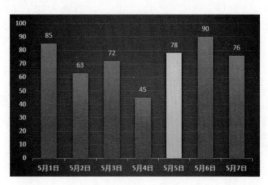

## 3 突显最大值和最小值

在 Excel 步骤图表中，可以同时突出显示最大值和最小值数据，提高阅读者对异常数据的关注度，具体操作步骤如下。

步骤 ① 启动 Excel，新建一个空白工作簿，在工作表中输入数据源，如左下图所示。

步骤 ② 添加最大值辅助列。在 C2 单元格中输入公式"=IF(B2=MAX(B:B),B:B,NA())"，并填充到其他单元格，如右下图所示。

| A | B |
|---|---|
| 月份 | 销售额 |
| 1月 | 264 |
| 2月 | 421 |
| 3月 | 368 |
| 4月 | 756 |
| 5月 | 429 |
| 6月 | 568 |
| 7月 | 316 |
| 8月 | 276 |
| 9月 | 364 |
| 10月 | 562 |
| 11月 | 495 |
| 12月 | 243 |

步骤 ❸ 添加最小值辅助列。在 D2 单元格中输入公式 "=IF(B2=MIN(B:B),B:B,NA())"，并填充到其他单元格，如下图所示。

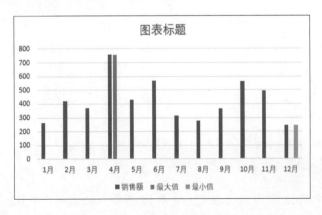

步骤 ❹ 为 4 列数据创建一个簇状柱形图，如下图所示。

步骤 **05** 双击图表中的柱子系列，打开【设置数据系列格式】任务窗格，设置系列重叠为 "100%"，如左下图所示。

步骤 **06** 设置后根据需求美化图表即可，如右下图所示。

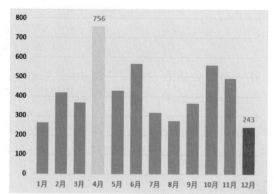

## 4 突显低于平均值

图表中除了最大值和最小值，还有平均值，例如，柱形图中可以将低于平均值的，使用其他颜色显示，使其更加醒目、突出，具体操作步骤如下。

步骤 **01** 输入数据源，如左下图所示。

步骤 **02** 添加平均值辅助列。在 C2 单元格中输入公式 "=AVERAGE(B:B)"，并填充到其他单元格，如右下图所示。

| | A | B |
|---|---|---|
| 1 | 月份 | 销售额 |
| 2 | 2019-1 | 62 |
| 3 | '2 | 48 |
| 4 | '3 | 73 |
| 5 | '4 | 96 |
| 6 | '5 | 59 |
| 7 | '6 | 81 |
| 8 | | |

C2　｜　×　✓　fx　　=AVERAGE(B:B)

| | A | B | C | D | E |
|---|---|---|---|---|---|
| 1 | 月份 | 销售额 | 平均值 | | |
| 2 | 2019-1 | 62 | 69.83333 | | |
| 3 | '2 | 48 | 69.83333 | | |
| 4 | '3 | 73 | 69.83333 | | |
| 5 | '4 | 96 | 69.83333 | | |
| 6 | '5 | 59 | 69.83333 | | |
| 7 | '6 | 81 | 69.83333 | | |
| 8 | | | | | |

步骤 **03** 添加大于平均值辅助列。在 C2 单元格中输入公式 "=IF(B2>C2,B2,NA())"，并填充到其他单元格，如左下图所示。

步骤 **04** 添加小于平均值辅助列。在 C2 单元格中输入公式 "=IF(B2 < C2,B2,NA())"，并

填充到其他单元格，如右下图所示。

**步骤 05** 创建一个组合图表，其中"销售额""大于平均值""小于平均值"系列为柱形图，"平均值"系列为折线图，如左下图所示。

**步骤 06** 双击图表中的柱子系列，打开【设置数据系列格式】任务窗格，设置【系列重叠】为"100%"，如右下图所示。

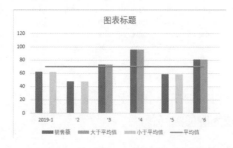

**步骤 07** 双击"平均值"系列，打开【设置数据点格式】窗格，设置线条格式，如左下图所示。

**步骤 08** 图表美化后的效果如右下图所示。

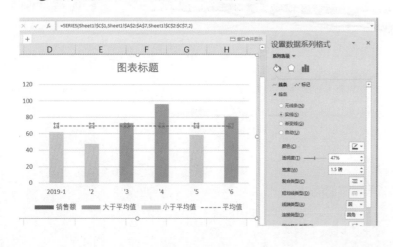
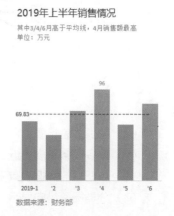

## 5 回归简单，细化体验

Excel 图表的初衷是将复杂多样的数据以数据图表的形式可视化呈现给阅读者，使其能够清晰、精确、有效地表示复杂想法，以便查看和分析数据。

在制作 Excel 图表时，虽然对图表进行装饰，可以达到美观的效果，但是一味地美化、添加各种元素，很容易偏离数据的核心，舍本逐末。让图表既好看又简洁，才是一种真正的精进。

为了方便读者理解和掌握图表细化和调整的方法，本节准备了某销售公司 3 月 1 至 15 日 8 个分店的销售数据，如下图所示。

| | A | B | C | D | E | F | G | H | I | J | K | L | M | N | O | P |
|---|---|---|---|---|---|---|---|---|---|---|---|---|---|---|---|---|
| 1 | 分店 | 3月1日 | 3月2日 | 3月3日 | 3月4日 | 3月5日 | 3月6日 | 3月7日 | 3月8日 | 3月9日 | 3月10日 | 3月11日 | 3月12日 | 3月13日 | 3月14日 | 3月15日 |
| 2 | 人民路店 | 2325 | 2632 | 2753 | 2863 | 3048 | 2950 | 3269 | 3159 | 3546 | 3622 | 3682 | 3852 | 4299 | 4622 | 5010 |
| 3 | 建设路店 | 3258 | 2875 | 2960 | 2670 | 2762 | 2869 | 2923 | 3056 | 2980 | 3259 | 3326 | 3462 | 3625 | 3699 | 4604 |
| 4 | 文化路店 | 3539 | 3790 | 3976 | 4106 | 4328 | 4501 | 4789 | 4904 | 5139 | 5349 | 5598 | 5763 | 5943 | 6106 | 6109 |
| 5 | 迎宾路店 | 0 | 0 | 0 | 0 | 1379 | 1650 | 1780 | 1996 | 2166 | 1866 | 1460 | 1840 | 2011 | 1686 | 2250 |
| 6 | 光明路店 | 970 | 1850 | 2056 | 2508 | 2680 | 2590 | 2890 | 3045 | 3042 | 3026 | 3075 | 3088 | 3097 | 3456 | 3820 |
| 7 | 新华路店 | 2601 | 1420 | 1803 | 2369 | 2936 | 3260 | 3160 | 3010 | 3365 | 3365 | 3256 | 3235 | 3874 | 3850 | 3955 | 3450 |
| 8 | 中心路店 | 1590 | 1608 | 1760 | 2580 | 2698 | 2536 | 2703 | 2860 | 2760 | 2903 | 2843 | 2760 | 3256 | 3756 | 4868 |
| 9 | 平安路店 | 586 | 1206 | 1591 | 1709 | 1652 | 1906 | 2368 | 2310 | 2890 | 2359 | 2804 | 2935 | 2765 | 2980 | 2850 |

选择表中的所有数据，创建折线图图表，如下图所示。该表是 Excel 默认生成的图表，尺寸和格式均未做任何调整，可以看到该表有 5 个较为明显的问题。

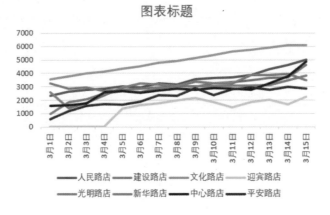

（1）缺少图表标题。

（2）很多线条距离太近。

（3）数据轴的数据没有千分号，不易阅读。

（4）分类标签纵向显示。

（5）图例两行并排，占据了大量位置。

对于上面的几个问题，可以通过调整图表的大小得到解决，添加了图表标题，并为数据轴中的数据添加了千分号，效果如下图所示。

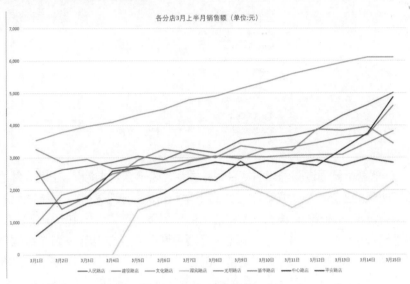

虽然进行了简单调整，但是依然觉得不舒服，8 种颜色的图例无法快速分清每个分店的对应情况、分类标签仍然很小。那么，接下来该如何改善图表呢？

（1）优化分类轴。

本表中分类轴数据太多，致使标签太小，阅读起来很困难，如果直接调大字号，文字就会变得紧凑，效果也不好。此时，可以通过修改分类轴标签和调整显示刻度，使其更好地显示。

① 修改分类轴标签。

前面介绍过，如果是有规律的日期，可以简化标签，修改源数据中的分类标签内容，效果如下图所示。

| | A | B | C | D | E | F | G | H | I | J | K | L | M | N | O | P |
|---|---|---|---|---|---|---|---|---|---|---|---|---|---|---|---|---|
| 1 | 分店 | 3月1日 | '2 | '3 | '4 | '5 | '6 | '7 | '8 | '9 | '10 | '11 | '12 | '13 | '14 | '15 |
| 2 | 人民路店 | 2325 | 2632 | 2753 | 2863 | 3048 | 2950 | 3269 | 3159 | 3546 | 3622 | 3682 | 3852 | 4299 | 4622 | 5010 |
| 3 | 建设路店 | 3258 | 2875 | 2960 | 2670 | 2762 | 2869 | 2923 | 3056 | 2980 | 3259 | 3326 | 3462 | 3625 | 3699 | 4604 |
| 4 | 文化路店 | 3539 | 3790 | 3976 | 4106 | 4328 | 4501 | 4789 | 4904 | 5139 | 5349 | 5598 | 5763 | 5943 | 6106 | 6109 |
| 5 | 迎宾路店 | 0 | 0 | 0 | 0 | 1379 | 1650 | 1780 | 1996 | 2166 | 1866 | 1460 | 1840 | 2011 | 1686 | 2250 |
| 6 | 光明路店 | 970 | 1850 | 2056 | 2508 | 2680 | 2590 | 2890 | 3045 | 3042 | 3026 | 3075 | 3088 | 3097 | 3456 | 3820 |
| 7 | 新华路店 | 2601 | 1420 | 1803 | 2369 | 2936 | 3260 | 3160 | 3010 | 3365 | 3256 | 3235 | 3874 | 3850 | 3955 | 3450 |
| 8 | 中心路店 | 1590 | 1608 | 1760 | 2580 | 2698 | 2536 | 2703 | 2860 | 2760 | 2903 | 2843 | 2760 | 3256 | 3756 | 4868 |
| 9 | 平安路店 | 586 | 1206 | 1591 | 1709 | 1652 | 1906 | 2368 | 2310 | 2890 | 2359 | 2804 | 2935 | 2765 | 2980 | 2850 |

② 调整显示刻度。

本表是连续 15 日的销售额统计，可以将分类轴的显示刻度调整为"2"，然后将所有数据标签左对齐显示，如下图所示。

（2）删除图例。

看图表时，一般都需要通过图例知道各系列数据都代表什么，才能读懂图表。然而在图表中，图例一般都放在图表的上方、右上角、下方或右下角等位置。在本表中，多种颜色的数据线条交错在一起，通常需要看一眼图例，再看一眼对应的数据标签，这样会严重影响读图速度。

如果将数据标签直接放在线条旁，可以省去看图例的时间，快速查看各个数据信息。不过，Excel 并没有该功能，只能使用"文本框"功能，创建一个文本框，输入文字并设置边框线条为"无线条"。

由于一般人普遍习惯从左到右阅读，调整好图表右侧边缘，将数据标签放置在数据系列数据最右端的合适位置。

调整分类轴和删除图例后，得到了下图所示的效果，与默认生成的图表对比来看，已经好多了。

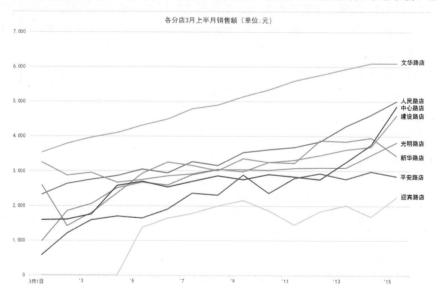

不过，本表中使用了 8 种颜色的线条，错综复杂，如果要打印下来或者拿给对色彩不敏感的人阅读的话，那么最终效果就变得一般了。如果遇到这种情况，最保险的做法就是用不同的线型代替各色的线条，在选取时尽量根据相邻且对比度较大的原则，对线型进行分配。对该表进行设置后，效果如下图所示。

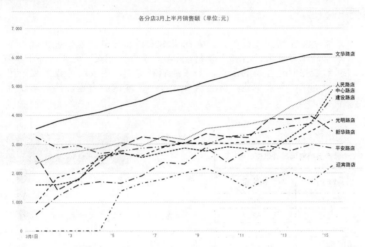

虽然用线型代替了各色的线条，但是在图表中使用了 8 种线型，如果有更高要求，就会觉得该图表过于复杂，让有密集恐惧症的人看这样的图表，绝对是一场灾难。因此，可以根据图表要传达的信息，舍弃一些不具有代表性的数据系列和与数据展示无关的元素，如网格线、数据表等，使图表更清晰地展示。

另外，对于需要特别说明的或者特定指标等，可以附在图表中，如本表中，"3月1日至4日"迎宾路店销售额为"0"，可以说明原因。

对图表的数据系列、网格线及坐标轴标签格式调整后，效果如下图所示。

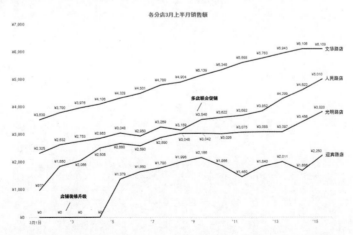

通过多次的图表调整，得到了一个新的图表，其目的是希望帮助读者了解图表的制作思路，并不是装饰好看的图表就是好图表，永远不要忘了制作图表的目的和要传达的信息，和数据无关的能删除就删除，站在不同的阅读者角度上思考，想想不同的对象会关注哪些信息。

总之，图表美化的目的就是简单、有效地传达信息，并能给阅读者带来更好、更舒服的体验，不能让美化成为图表的负担。

**高手自测**

本章主要介绍图表的美化，在结束本章内容之前，不妨先测试一下本章的学习效果，打开"素材\ch04\高手自测.xlsx"文件，并根据提供的数据制作合理的图表，如果能顺利完成，则表明已经掌握了图表的美化；如果不能，就再认真学习一下本章的内容，然后学习后续章节吧。

**高手点拨**

| 近8个月产品销售情况（单位：个） | |
| --- | --- |
| 月份 | 销售量 |
| 2019年1月 | 715 |
| 2019年2月 | 623 |
| 2019年3月 | 759 |
| 2019年4月 | 409 |
| 2019年5月 | 560 |
| 2019年6月 | 9560 |
| 2019年7月 | 490 |
| 2019年8月 | 680 |

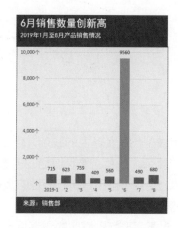

# 5

# 青出于蓝：基础图表的逆袭

　　一图抵千言，要让领导读懂你的数据，最有效的方法就是用图表说话。将要呈现的数据用精美的图表展示出来，这样才能让人直观地看出要表达的含义。

很多人都是从柱形图和条形图开始接触图表的，大家在报纸、图书及新闻上看到的图表绝大部分也是柱形图和条形图，所以就从柱形图和条形图开始图表之旅吧。

## 5.1.1 柱形图

教学视频

柱形图是宽度相等的条形用高度或长度的差异来显示统计指标数值多少或大小的一种图表。柱形图简明、醒目，是一种常用的统计图表，一般用于显示各项之间的比较情况。

左下图所示为常见的簇状柱形图图表，右下图所示为常见的堆积柱形图图表。

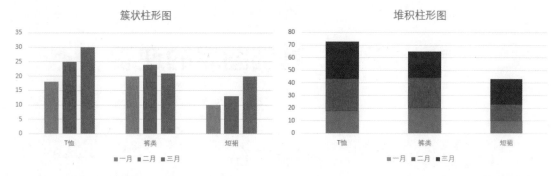

见多了这些基础图表，难免会略显乏味，如果看到下图所示的这两张图表，是不是有耳目一新的感觉？

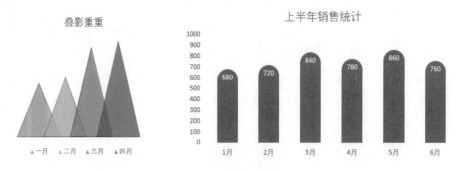

下图所示的人形图图表，看起来是不是更有冲击力呢？

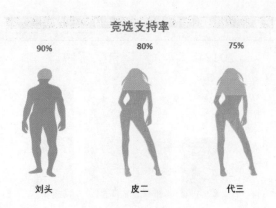

竞选支持率

其实这些都是柱形图。

同样是图表，为什么差别那么大呢？这些图表是怎么做出来的？接下来，就来介绍制作这些图表的具体操作步骤。

# 1　三角形的柱形图

三角形的柱形图是将柱形数据系列换成三角形，换了形象，看起来别具一格，如下图所示。需要注意的是三角形的柱形图通常只有一列数据，如果源数据超过一列，就会显得拥挤，不协调。

三角形的柱形图做法很简单，首先用四个不同颜色的三角形替换原有的柱形系列，然后合理地设置图形的透明度和重叠度，就可以达到这个效果了。具体操作步骤如下。

步骤 **01** 根据原始数据，创建簇状柱形图图表，如下图所示。

| 产品 | 一月 | 二月 | 三月 | 四月 |
|------|------|------|------|------|
| T恤 | 180000 | 200005 | 300000 | 320000 |

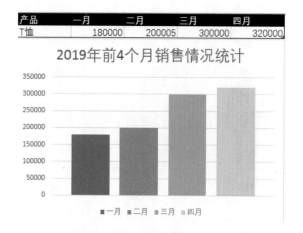

**步骤 02** 然后在 Excel 中绘制 4 个等腰三角形，分别设置不同颜色，如左下图所示。

**步骤 03** 依次复制每一个等腰三角形，分别粘贴到对应的系列柱上，即可得到右下图所示的柱形图效果。

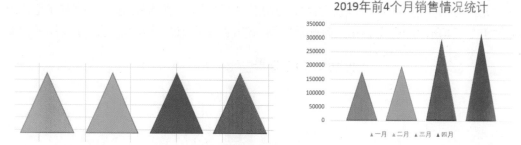

为了达到重叠效果，需要设置每个系列透明度为 20%，设置系列重叠 40%，适当修改后，得到最终的效果。注意，这里所设置的透明度和重叠是根据实际情况来确定的，不是每次都设置相同的值。

## ② 圆头柱形图

在三角形的柱形图例子中只需要一个图形进行替换即可，如果想要做出更漂亮、更有意思的柱形图，可能需要将几个图形进行合理的组合。下图所示为制作完成的圆头柱形图，在柱形图上方添加圆头形状，将数据标签显示在圆头内，并且圆头柱形图对原数据的列没有限制，可以为多个数据系列添加不同的颜色（素材 \ch05\5-1-1.xlsx）。

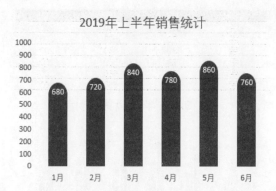

2019年上半年销售统计

上面的圆头怎么做呢？其实方法很简单，将一个短的圆头柱形图形和一个正常的柱形图形叠加在一起就可以了，如下图所示。这个图的关键就是合理地设置圆头的大小。具体操作步骤如下。

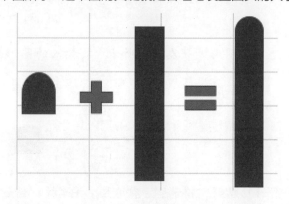

步骤 **01** 先根据原始数据制作一个柱形图，如下图所示。

| 月份 | 销量 |
| --- | --- |
| 1月 | 680 |
| 2月 | 720 |
| 3月 | 840 |
| 4月 | 780 |
| 5月 | 860 |
| 6月 | 760 |

2019年上半年销售统计

步骤 **02** 适当修改数据源，将"销量"修改成"销量1"和"销量2"的和，其中"销量2"用来做圆头，"销量1"用来做正常的柱形图，如下图所示。注意，"销量2"的值可能需要多次试验后才能得到满意的值，不一定是200。

| 月份 | 销量 | 销量1 | 销量2 |
|---|---|---|---|
| 1月 | 680 | 480 | 200 |
| 2月 | 720 | 520 | 200 |
| 3月 | 840 | 640 | 200 |
| 4月 | 780 | 580 | 200 |
| 5月 | 860 | 660 | 200 |
| 6月 | 760 | 560 | 200 |

**2019年上半年销售统计**

步骤 **03** 插入【流程图：延期】图形，如左下图所示。将插入的图形向左旋转90°，并填充成红色，如右下图所示。

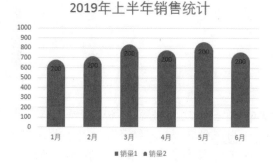

步骤 **04** 将上一步绘制的图形粘贴到"销量2"系列上，并删掉"销量"系列，因为它已经被分解为"销量1"＋"销量2"，如左下图所示。

步骤 **05** 修改图表类型为堆积图，将"销量2"堆积到"销量1"的上面，并适当调整【间隙宽度】，建议设置为"100%"，然后添加【数据标签】，效果如右下图所示。

**2019年上半年销售统计**

**步骤 06** 此时只显示"销量2"的值，而不是"销量"值。选中"销量2"系列，打开【设置数据标签格式】任务窗格取消选中【标签包括】中的【值】复选框，并选中【单元格中的值】复选框，如下图所示。

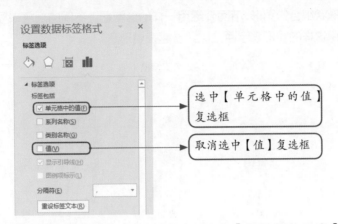

**步骤 07** 重新选择单元格中值，将"销量"列数据设置为【数据标签区域】，如左下图所示。

**步骤 08** 最后效果如右下图所示。

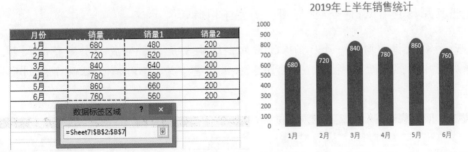

为什么不直接用圆头做系列呢？因为直接用圆头做系列，圆头形状会变形。下图所示为直接使用圆头做系列后的效果，可以看到圆头都快变成尖头了。

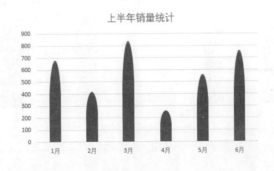

# 3 人形柱形图

做完两个不同形状组合的图形，下面介绍用一样的形状配上不同的颜色来显示百分比的例子，效果如下图所示。用这样的图形表示百分比，看起来更形象。

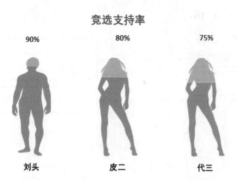

这个图的原理是：让两个一样的图形重叠，两个图形的颜色不一样，一个完全显示，一个只根据百分比显示一部分，这样就可以达到用图形表示百分比的效果。在竞选支持率、进度百分比图表中常用。具体操作步骤如下。

**步骤 01** 先根据原始数据做出一个柱形图，如左下图所示。

**步骤 02** 修改原始数据，增加一个100%的系列，这主要是为了生成一个完整的人形，方便形成对比。然后生成新图，并设置【系列重叠】为"100%"，让两个系列重叠，如右下图所示。

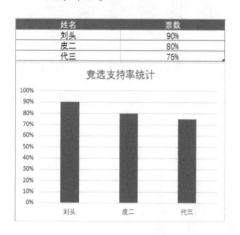

**步骤 03** 制作人形元素，并填充颜色，如左下图所示。

步骤 04 根据性别，将绿色的图标粘贴到"总票数"系列，将另外一种颜色的图标粘贴到"票数"系列，效果如右下图所示。

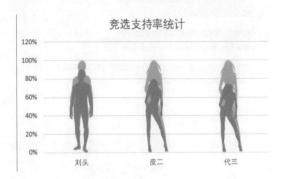

步骤 05 此时，人物出现了高矮差别，这时，需要设置图形层叠缩放，才能达到两个人形一样高。在填充下选中【图片或纹理填充】单选按钮，并选中【层叠并缩放】单选按钮，如左下图所示。

步骤 06 适当修改即可得到最后的效果，如右下图所示。

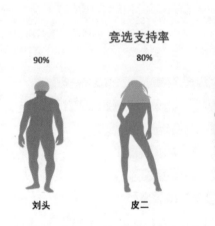

## 5.1.2 条形图

条形图是用一个单位长度表示一定的数量，根据数量的多少画成长短不同的直条，然后把这些直条按一定的顺序排列起来。从条形图中很容易看出各种数量的多少。

左下图为常见的簇状条形图效果，右下图为常见的堆积条形图效果。

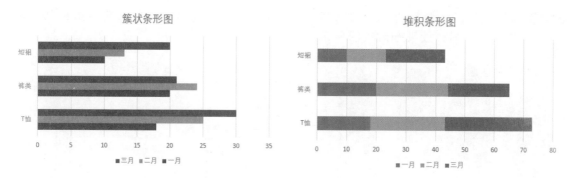

下图所示的 3 种条形图是不是更有吸引力呢?

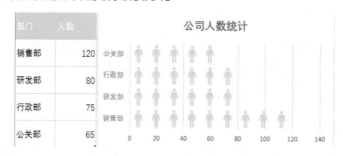

| 产品 | 一月 | 二月 | 三月 | 四月 | 五月 | 六月 |
|------|------|------|------|------|------|------|
| T恤 | 180000 | 200005 | 300000 | 320000 | 350000 | 400000 |
| 裙子 | 120000 | 160000 | 200000 | 300000 | 400000 | 500000 |

| 事件 | 列1 | 比例 |
|------|------|------|
| 应聘 | 0% | 100% |
| 通过笔试 | 20% | 60% |
| 通过面试 | 35% | 30% |
| 试用 | 40% | 20% |
| 入职 | 45% | 10% |

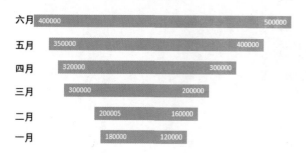

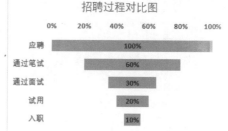

这一节,就来介绍这些条形图是怎么做出来的。

# 1 用"人"来统计人数

在统计人数时,可以直接用"人"来表示数据系列,这样看起来更形象,如下图所示。

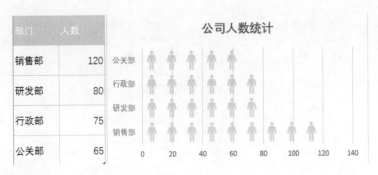

具体操作步骤如下。

步骤 ❶ 根据原始数据制作一个条形图，效果如下图所示。

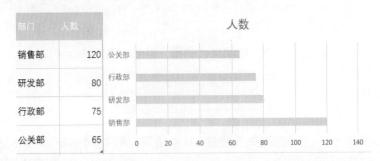

步骤 ❷ 在 Excel 中插入一个人形图标，如左下图所示。将人形图标复制粘贴到条形图上，如右下图所示。

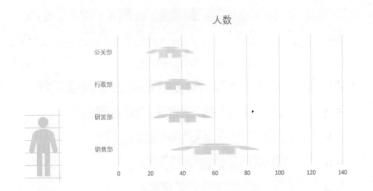

步骤 ❸ 此时，看起来很不美观，这是因为默认使用了【伸展】效果，把图标拉宽了，打开【设置数据系列格式】窗格，选中【图片或纹理填充】和【层叠】单选按钮，如左下图所示，设置【间隙宽度】为 "60%"，如右下图所示。

 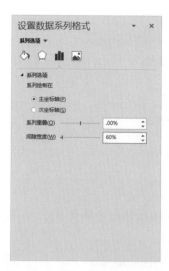

【间隙宽度】值不是绝对的，可以根据需要调整，只要效果看起来舒服即可。

## ② 制作旋风图

条形图通常用来制作多项目对比关系图表，特别是只有两个系列的时候最合适。如果只有两个系列，选用左右并列的旋风图更为直观，如下图所示。旋风图其实就是使用了两个坐标轴，把两个图合在了一个图表中，根据坐标轴的值的设置，让两个图的系列相对，能够更好地显示出对比效果。

| 产品 | 一月 | 二月 | 三月 | 四月 | 五月 | 六月 |
|------|------|------|------|------|------|------|
| T恤 | 180000 | 200005 | 300000 | 320000 | 350000 | 400000 |
| 裙子 | 120000 | 160000 | 200000 | 300000 | 400000 | 500000 |

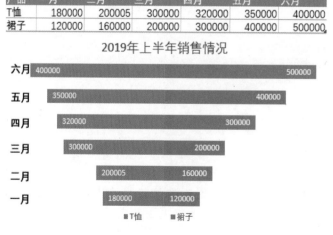

2019年上半年销售情况

具体操作步骤如下。

步骤 **01** 先根据原始数据制作一个条形图，如左下图所示。

步骤 **02** 双击"T恤"系列，在【设置数据系列格式】窗格中选中【次坐标轴】单选按钮，如右下图所示。

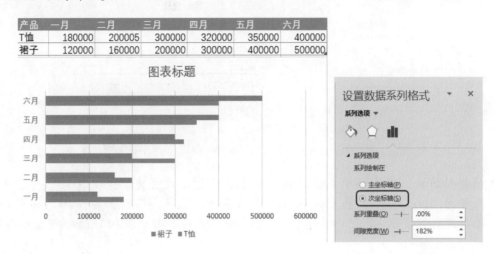

| 产品 | 一月 | 二月 | 三月 | 四月 | 五月 | 六月 |
|------|------|------|------|------|------|------|
| T恤 | 180000 | 200005 | 300000 | 320000 | 350000 | 400000 |
| 裙子 | 120000 | 160000 | 200000 | 300000 | 400000 | 500000 |

步骤 **03** 选择【次坐标轴 水平（值）轴】选项将【最小值】设置为"−450000.0"，【最大值】设置为"450000.0"，如下图所示。为什么要设为"−450000.0"到"450000.0"呢？原因很简单，这样设置，可以让"0"值在中间，两个系列都会从中间开始计算，也就是说，两边的长方形都会从中间背靠背地延伸出来，达到对立，而不是重叠的效果。

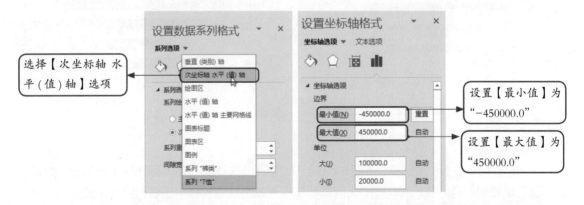

步骤 **04** 选中【逆序刻度值】复选框，让"T恤"系列和"裙子"系列相对，如左下图所示。

步骤 **05** 将【标签位置】设置为"无"，不显示标签，如右下图所示。

步骤 **06** 同样的方法，将【水平（值）轴】的【最小值】设置为"-500000.0"，【最大值】设置为"500000.0"。将【标签位置】设置为"无"，得到如左下图所示的效果。最后设置数据标签，手动添加左边的月份，然后再做适当的修改即可，如右下图所示。

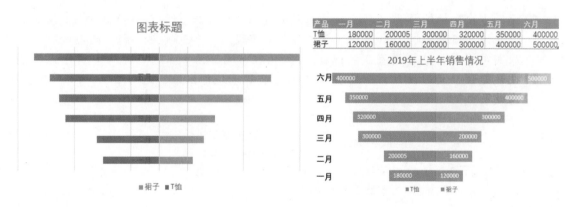

## ③ 漏斗图

漏斗图适用于业务比较规范、周期长、环节多的流程分析。通过漏斗图比较各环节业务数据，能够直观地发现问题所在。漏斗图的关键就是在于通过合理的计算，让系列显示在正中间，效果如下图所示。

| 事件 | 列1 | 比例 |
| --- | --- | --- |
| 应聘 | 0% | 100% |
| 通过笔试 | 20% | 60% |
| 通过面试 | 35% | 30% |
| 试用 | 40% | 20% |
| 入职 | 45% | 10% |

招聘过程对比图

| | 0% | 20% | 40% | 60% | 80% | 100% |
| --- | --- | --- | --- | --- | --- | --- |
| 应聘 | | | 100% | | | |
| 通过笔试 | | 60% | | | | |
| 通过面试 | 30% | | | | | |
| 试用 | 20% | | | | | |
| 入职 | 10% | | | | | |

具体操作步骤如下。

步骤 **01** 根据原始数据制作一个条形图，效果如下图所示。

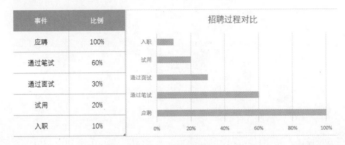

步骤 **02** 设置合适的数据，让数据系列居中。就是说，要让左右两边相等，可以在左边和右边分别插入一个系列，系列值为 (1- 比例 )/2，效果如左下图所示。

步骤 **03** 设置系列"列 1"和"列 2"为无填充，然后调整系列颜色并适当修改部分元素即可，效果如右下图所示。

| 事件 | 列1 | 比例 | 列2 |
| --- | --- | --- | --- |
| 应聘 | 0% | 100% | 0% |
| 通过笔试 | 20% | 60% | 20% |
| 通过面试 | 35% | 30% | 35% |
| 试用 | 40% | 20% | 40% |
| 入职 | 45% | 10% | 45% |

招聘过程对比

| 事件 | 列1 | 比例 |
| --- | --- | --- |
| 应聘 | 0% | 100% |
| 通过笔试 | 20% | 60% |
| 通过面试 | 35% | 30% |
| 试用 | 40% | 20% |
| 入职 | 45% | 10% |

招聘过程对比图

| | 0% | 20% | 40% | 60% | 80% | 100% |
| --- | --- | --- | --- | --- | --- | --- |
| 应聘 | | | 100% | | | |
| 通过笔试 | | 60% | | | | |
| 通过面试 | 30% | | | | | |
| 试用 | 20% | | | | | |
| 入职 | 10% | | | | | |

## 5.1.3　柱形图与条形图的区别

条形图和柱状图表达数据的形式基本相同，不过区别还是有的。

（1）条形图是横向的，更适合用于一些类别名称比较长的数据，这样就可以将名称显示完整，更加美观。

（2）条形图可以做成横向的旋风图，进行对比，很漂亮，也比较直观，柱状图则不行。

（3）柱状图可以与折线图配合次坐标轴，做成复合型图表，如下图所示，条形图想实现这点比较困难。

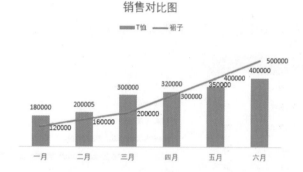

其实，两者的差别并不大，根据放置图表的区域形状，选择美观大方的图表就可以了。

# 5.2　饼图和圆环图，份额分析好帮手

饼图和圆环图常用于分析数据所占的百分比，下面就以制作半圆饼图、齿轮饼图、多系列圆环图、带"保护"的圆环图等为例，介绍个性饼图和圆环图的制作方法。

## 5.2.1　饼图

在工作中如果遇到需要计算总费用或金额的各个部分构成比例的情况，一般都是通过各个部分与总额相除来计算，但这种比例表示方法很抽象，可以使用一种饼形图图表工具，以图形的方式直接显示各个组成部分所占比例。更为重要的是，采用图形的方式，更加形象、直观，可以使用

Excel 的饼形图表工具。

下图所示是常见的饼图。

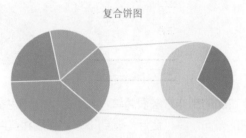

修改饼图后可以得到半圆饼图、齿轮饼图，如下图所示。

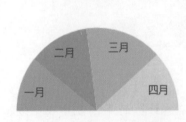

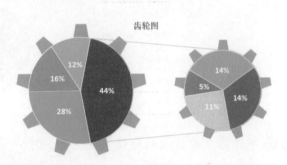

也可以将饼图重叠在一起，制作出层叠饼图，如下图所示。

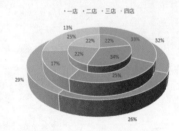

下面就介绍半圆饼图、齿轮饼图的具体制作方法。

## 1 "咬"掉一半的饼图

对于销售数据，通常会用饼图展示一年的数据，如果仅需要展示一年中部分月份，可以用半个饼图来显示数据，如下图所示。

| 月份 | 一分部 |
|------|--------|
| 一月 | 35 |
| 二月 | 40 |
| 三月 | 50 |
| 四月 | 38 |
| 总计 | 163 |

一分部业绩对比图

这种半饼图的制作方法很简单，就是让"合计"也参与作图，这样实际数据就只占了半个"饼"，然后调整饼的方向，将"合计"调到下方，然后将其隐藏即可。具体操作步骤如下。

步骤 01 先根据原始数据，制作一个饼图，如下图所示。

| 月份 | 一分部 |
|------|--------|
| 一月 | 35 |
| 二月 | 40 |
| 三月 | 50 |
| 四月 | 38 |
| 总计 | 163 |

一分部

步骤 02 将【第一扇区起始角度】设置为"270°"，让"总计"的半圆显示在下方，如下图所示。

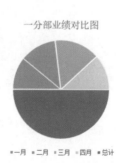

一分部业绩对比图

步骤 03 设置下半圆【填充】为"无填充"，将其隐藏起来，如左下图所示。

步骤 04 删除所有多余的图表元素，最终效果如右下图所示。

| 月份 | 一分部 |
|------|--------|
| 一月 | 35 |
| 二月 | 40 |
| 三月 | 50 |
| 四月 | 38 |
| 总计 | 163 |

一分部业绩对比图

## 2 齿轮饼图

在饼图下方添加个齿轮图形作为修饰，不仅起到美化图表的作用，而且能吸引用户的注意力，如下图所示。其实它的做法很简单，在复合饼图中"套"一个齿轮就可以了。

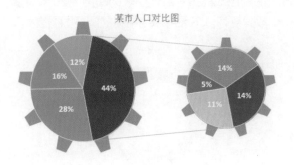

某市人口对比图

具体操作步骤如下。

步骤 **01** 根据原始数据制作复合饼图，如下图所示。

| 市区 | 人口 | 比例 |
|------|--------|------|
| 金水区 | 1588611 | 28% |
| 中原区 | 905430 | 16% |
| 二七区 | 712597 | 12% |
| 管城区 | 645888 | 11% |
| 惠济区 | 269561 | 5% |
| 巩义市 | 807857 | 14% |
| 新密市 | 797200 | 14% |

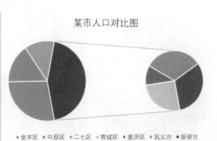

某市人口对比图

**步骤 02** 在Excel中添加一个齿轮。调整齿轮大小，并放置到合适位置，只露出几个齿即可，然后将其置为底层，如左下图所示。使用同样的方法复制第二个齿轮，并将齿轮设置为底层，再调整数据标签即可，效果如右下图所示。

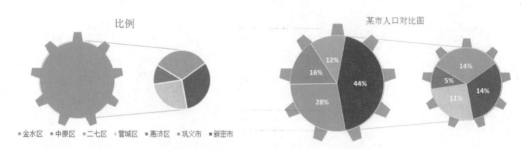

## 5.2.2 圆环图

像饼图一样，圆环图显示各个部分与整体之间的关系，但是它可以包含多个数据系列。图表中的每个数据系列具有唯一的颜色或图案并且在图表的图例中表示。可以在图表中绘制一个或多个数据系列。饼图只有一个数据系列，下图所示为常见的圆环图图表类型。

用心修饰圆环图，可得到意想不到的效果，下图所示为修饰后的圆环图效果。

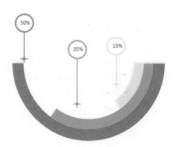

## 1  多系列圆环图

当涉及多个数据系列对比时，可以考虑使用多系列圆环图。多系列圆环图可以在图表中绘制多个数据系列，如下图所示。

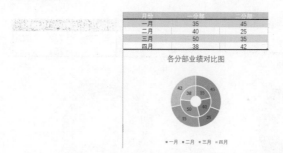

插入圆环图，合理设置【圆环圆内径大小】即可，如这里设置为"20%"，如下图所示。

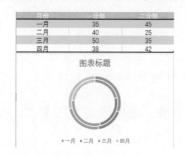

## 2  带"保护"的圆环图

前面介绍了多系列圆环图的制作，接下来利用多系列圆环图做一个内外都有一层保护层的圆环图，怎么做呢？其实只需要在最内层和最外层添加一个辅助层就可以了，效果如下图所示。

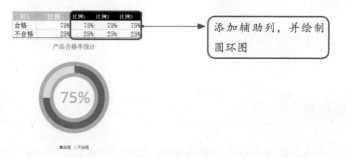

添加辅助列，并绘制
圆环图

细心观察会发现，这"三"个环的宽度是不一样的。这是因为它不是三个环，而是四个环，中间其实有两个环。为什么用两个环呢？因为这样可以突出重点，下面介绍具体操作步骤。

步骤 **01** 根据原始数据绘制圆环图，效果如左下图所示。

步骤 **02** 修改原始数据，添加三个辅助列，制作出一个多圆环图，效果如右下图所示。

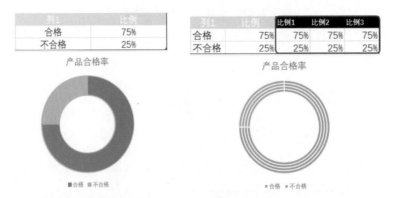

步骤 **03** 调整环的内径，并修改各环颜色。让最内层和最外层统一为一个颜色，表示为保护层，中间两层分系列设置不同的颜色。如果中间出现白色分割线，其实是边框，修改为和系列相同颜色即可，如左下图所示。

步骤 **04** 最后添加数据标签，并移动到圆环中间，适当调整其他元素，即可得到最终的效果，如右下图所示。

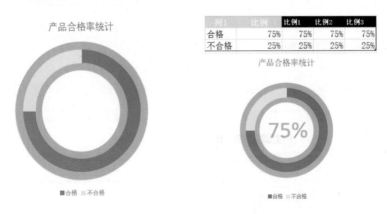

## ③ 小船上面看星星

只要发挥创意，就可以制作出更多漂亮的图表，看看下图所示的图表，是不是有种小船上看星星的感觉？制作这类图表时，需要注意的是，原数据不能多，3~4 行数据为宜。否则看起来会显得臃肿，缺乏意境。

| 公司 | 业务占比 | 比例2 |
|------|---------|-------|
| 一公司 | 15% | 85% |
| 二公司 | 35% | 65% |
| 三公司 | 50% | 50% |

三个公司业务占比图

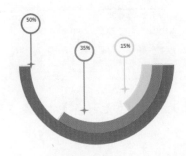

上图其实是一个多圆环图，隐藏了无关紧要的部分。具体操作步骤如下。

步骤 01 根据原始数据制作圆环图，效果如左下图所示。

步骤 02 修改原数据，在后方添加一列，使其值等于"1-'业务占比'"，将圆环图变为三个环，如右下图所示。

| 公司 | 业务占比 |
|------|---------|
| 一公司 | 15% |
| 二公司 | 35% |
| 三公司 | 50% |

| 公司 | 业务占比 | 比例2 |
|------|---------|-------|
| 一公司 | 15% | 85% |
| 二公司 | 35% | 65% |
| 三公司 | 50% | 50% |

业务占比

三个公司业务占比

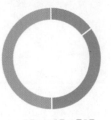

■一公司 ■二公司 ■三公司

■业务占比 ■比例2

步骤 03 设置系列的【第一个扇区起始角度】为"90°"，如下图所示。

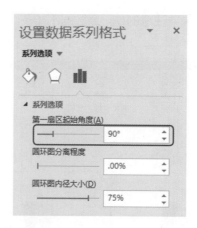

步骤 **04** 设置"比例2"系列为【无填充】【无线条】，如左下图所示，将其隐藏起来，效果如右下图所示。

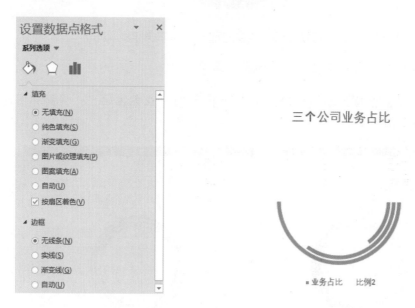

步骤 **05** 制作星星元素，在【插入】选项卡的【插图】组的【形状】中，选择一个〇、一条直线和一个✦，组合出下面的形状，如左下图所示。

步骤 **06** 最后添加数据标签，并适当摆放数据标签和新加元素的位置，再调整系列颜色和圆环内径即可，最终效果如右下图所示。

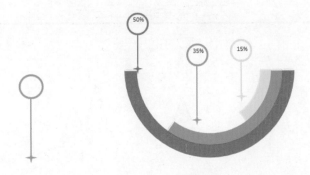

教学视频

## 5.3 折线图和雷达图，量变趋势面面观

折线图也是常用的图表类型，将折线图与其他图表类型结合，可以呈现出与众不同的效果，而雷达图可以清楚地展现两个数据系列的对比。

### 1 折线图

排列在工作表的列或行中的数据可以绘制到折线图中。折线图可以显示随时间（根据常用比例设置）变化的连续数据，因此非常适用于显示在相等时间间隔下数据的趋势。下图所示为一年的销量走势图。

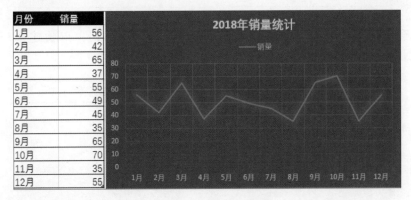

折线图也可以和其他图形进行组合，看起来效果会更明显，如下图所示。

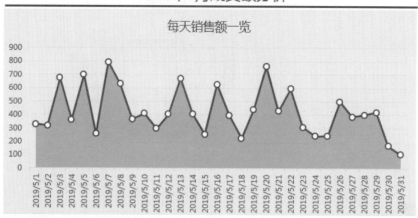

上图由于数据量大，以 10 天为例，介绍如何完成这一图表。具体操作步骤如下。

步骤 **01** 根据原始数据，做出折线图，如下图所示。

| 日期 | 销售金额（万） |
|---|---|
| 5月1日 | 327 |
| 5月2日 | 317 |
| 5月3日 | 673 |
| 5月4日 | 361 |
| 5月5日 | 697 |
| 5月6日 | 256 |
| 5月7日 | 792 |
| 5月8日 | 629 |
| 5月9日 | 367 |
| 5月10日 | 409 |

**2019年5月上旬成交额分析**

每天销售额一览

步骤 **02** 修改原始数据，增加一个辅助列，目的是增加一个系列，以便建立一个组合图，如下图所示。

| 日期 | 辅助（万） | 销售金额（万） |
|---|---|---|
| 5月1日 | 327 | 327 |
| 5月2日 | 317 | 317 |
| 5月3日 | 673 | 673 |
| 5月4日 | 361 | 361 |
| 5月5日 | 697 | 697 |
| 5月6日 | 256 | 256 |
| 5月7日 | 792 | 792 |
| 5月8日 | 629 | 629 |
| 5月9日 | 367 | 367 |
| 5月10日 | 409 | 409 |

**2019年5月上旬成交额分析**

每天销售额一览

**步骤 03** 更改图表类型为【组合】，并将【系列 1】修改为【面积图】，如下图所示。然后调整面积图的颜色和其他元素即可。

选择【组合】图表类型

将【系列 1】修改为【面积图】，然后调整面积图的颜色和其他元素

## ② 雷达图

在分析图表中使用雷达图，可以体现实际值和期望值的偏差，为使用者提供直观的信息。下图所示是根据需要制作的一张雷达图。只需要先制作填充雷达图图表，然后更改内部的填充颜色即可。

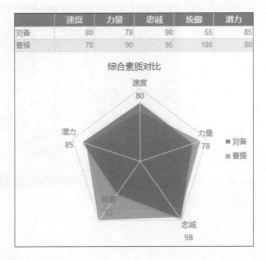

| | 速度 | 力量 | 忠诚 | 统御 | 潜力 |
|---|---|---|---|---|---|
| 刘备 | 80 | 78 | 98 | 55 | 85 |
| 曹操 | 70 | 90 | 95 | 100 | 80 |

## 表示分布状态——散点图

散点图又称散点分布图，是以一个变量为横坐标，另一个变量为纵坐标，利用散点（坐标点）的分布形态反映变量统计关系的一种图形。特点是能直观表现出影响因素和预测对象之间的总体关系趋势。优点是能通过直观醒目的图形方式反映变量间关系的变化形态，以便决定用何种数学表达方式来模拟变量之间的关系。散点图不仅可传递变量间关系类型的信息，而且能反映变量间关系的明确程度，如下图所示。

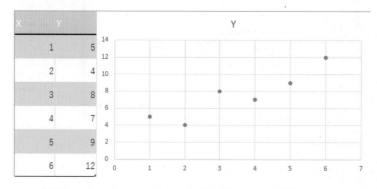

简单的散点图一般效果不太明显，可以看一个数据量比较大的散点图。假设公司有 86 名员工，使用散点图来描述这 86 名员工三个月的业绩，效果如下图所示。

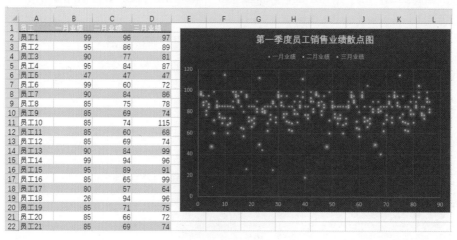

从上图可以明显看出，大多数员工业绩都在 60~100。

高手点拨

高手自测

本章主要介绍基础图表的逆袭，在结束本章内容之前，不妨先测试一下本章的学习效果，打开"素材\ch05"文件夹中的素材文件，分别根据要求完成相应的操作，如果能顺利完成，则表明已经掌握了本章的内容；如果不能，就再认真学习一下本章的内容，然后学习后续章节吧。

（1）打开"素材\ch05\高手自测1.xlsx"文件，根据表中提供的数据创建人形柱形图，如下图所示。

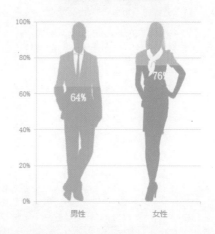

| 性别 | 实际 | 目标 | 完成比例 |
| --- | --- | --- | --- |
| 男性 | 90 | 141 | 64% |
| 女性 | 76 | 100 | 76% |

（2）打开"素材\ch05\高手自测2.xlsx"文件，根据表中提供的数据创建个性图表，如下图所示。

| | <21 | 21~30 | 31~40 | 41~50 | 51~60 | 61~70 | >70 |
| --- | --- | --- | --- | --- | --- | --- | --- |
| 女 | 14% | 23% | 32% | 18% | 8% | 7% | 2% |
| 男 | 5% | 15% | 31% | 30% | 14% | 9% | 5% |

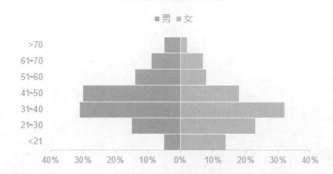

（3）打开"素材\ch05\高手自测3.xlsx"文件，根据表中提供的数据创建组合图表，如下图所示。

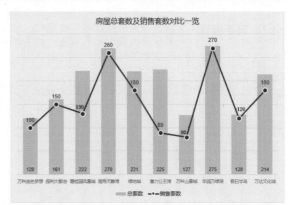

| 房地产月份销售总结报告 | | | | |
|---|---|---|---|---|
| 项目 | 总套数 | 销售套数 | 销售额(万) | 均价(万) |
| 万科金色梦想 | 120 | 100 | 5864 | 58.64 |
| 保利大都会 | 161 | 150 | 8988 | 59.92 |
| 碧桂园凤凰城 | 222 | 130 | 4000 | 30.77 |
| 越秀天静湾 | 270 | 260 | 12000 | 46.15 |
| 绿地城 | 221 | 180 | 3800 | 21.11 |
| 富力公主湾 | 225 | 89 | 6708 | 75.37 |
| 万科山景城 | 127 | 80 | 8562 | 107.03 |
| 华润万绿湖 | 275 | 270 | 7700 | 28.52 |
| 假日半岛 | 128 | 120 | 5000 | 41.67 |
| 万达文化城 | 214 | 180 | 6800 | 37.78 |
| 总计 | 1963 | 1559 | 69422 | 44.53 |

6

高手暗箱：高级图表制作技巧解密

本章介绍树状图、旭日图、瀑布图等各类高级图表的制作技巧，
最后介绍发挥创意制作个性图表的方法。

## 6.1 少量的数据比较——树状图

树状图非常适合展示数据的比例和数据的层次关系，它的直观和易读，是其他类型的图表无法比的。用它来分析一段时期内的销售数据——什么商品销量最高、利润最多，一目了然。具体操作步骤如下。

**步骤 01** 选择素材文件中数据区域的任意数据，如左下图所示。

**步骤 02** 单击【插入】选项卡下【图表】组中的【推荐的图表】按钮，如右下图所示。

**步骤 03** 在弹出的【插入图表】对话框中，选择【树状图】图表类型，如右图所示。

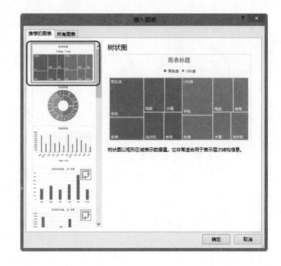

**步骤 04** 添加树状图图表的效果如左下图所示。

**步骤 05** 在树状图上右击，在弹出的菜单中选择【设置数据系列格式】选项，如右下图所示。

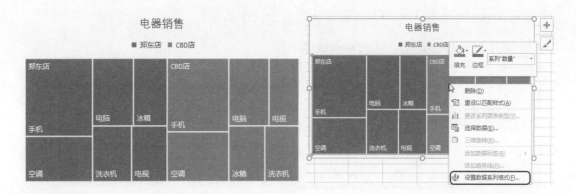

步骤 06 单击【系列选项】选项卡，在【系列选项】下的【标签选项】中选中【横幅】单选按钮，如左下图所示。

步骤 07 设置数据系列格式后的树状图效果，如右下图所示。

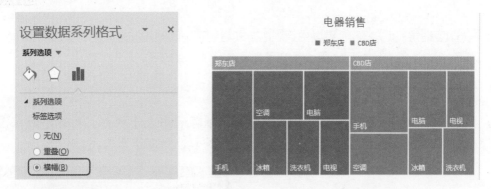

上图是按销量做的树状图，也可以按价格来制作。具体操作步骤如下。

步骤 01 单击【图表工具－设计】选项卡下【数据】组中的【选择数据】按钮，如下图所示。

步骤 02 选中【图例项（系列）】中的【数量】复选框，然后单击【删除】按钮，如左下图所示。

**步骤 03** 单击【确定】按钮，即可按价格完成树状图图表的制作，如右下图所示。

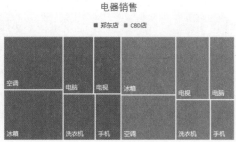

有一张季度销售额汇总表，希望以更直观的方式看到不同时间段的分段销售额及其占比情况。要想实现这一需求，没有比旭日图更合适的了。具体操作步骤如下。

**步骤 01** 选择数据区域任意单元格，如左下图所示。

**步骤 02** 单击【插入】选项卡下【图表】组中的【推荐的图表】按钮，打开【插入图表】对话框选择【旭日图】选项，单击【确定】按钮，如右下图所示。

| | A | B | C | D |
|---|---|---|---|---|
| 1 | 季度 | 月份 | 周次 | 销量 |
| 2 | 第一季度 | 1月 | 第1周 | 35 |
| 3 | 第一季度 | 1月 | 第2周 | 45 |
| 4 | 第一季度 | 1月 | 第3周 | 25 |
| 5 | 第一季度 | 1月 | 第4周 | 50 |
| 6 | 第一季度 | 2月 | 第1周 | 36 |
| 7 | 第一季度 | 2月 | 第2周 | 42 |
| 8 | 第一季度 | 2月 | 第3周 | 53 |
| 9 | 第一季度 | 2月 | 第4周 | 25 |
| 10 | 第一季度 | 3月 | 第1周 | 45 |
| 11 | 第一季度 | 3月 | 第2周 | 53 |
| 12 | 第一季度 | 3月 | 第3周 | 39 |
| 13 | 第一季度 | 3月 | 第4周 | 37 |

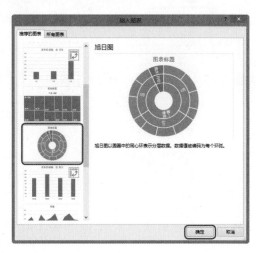

步骤 03 即可插入旭日图图表，效果如左下图所示。

步骤 04 单击三次"3月"图表区域，需要注意单击时速度不要过快，如右下图所示。

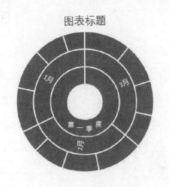

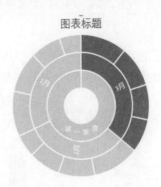

步骤 05 在【设置数据点格式】任务窗格【填充】选项区域下选中【纯色填充】单选按钮，并选择一种颜色，如下图所示。

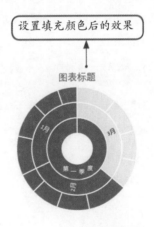

步骤 06 使用同样的方法为"1月""2月"设置填充效果，并删除图表标题，如右图所示。

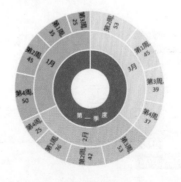

# 反映两个数据之间的演变——瀑布图

教学视频

瀑布图是形似瀑布的图表，用来展示一系列增加值或减少值对初始值的影响，可以直观地反映数据的增减变化，这种图表在职场的很多场景中都可以应用，如下图所示。

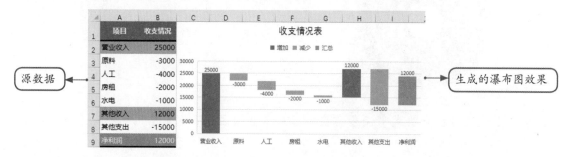

如果瀑布图中的数据为小计或汇总的值（如净利润）则可以设置这些值为"汇总项"，使其从水平轴"0"的位置开始显示。

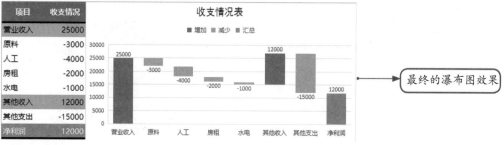

# 展示一组数据的分布状态——直方图

教学视频

直方图由一系列高度不等的纵向条纹或线段表示数据的分布情况。一般用横轴表示数据类型，纵轴表示分布情况，如下图所示。

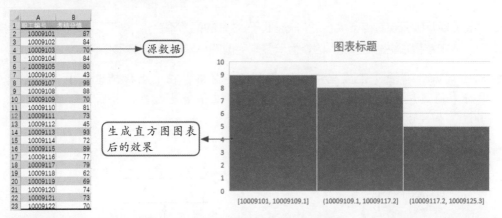

上图是系统按照"职工编号"生成的直方图，而需要的是按"考核分值"生成的直方图。具体操作步骤如下。

**步骤 01** 单击【图表工具–设计】选项卡下【数据】组中的【选择数据】按钮，如左下图所示。

**步骤 02** 选择【图例项（系列）】中的【职工编号】选项，然后单击【删除】按钮，如右下图所示。

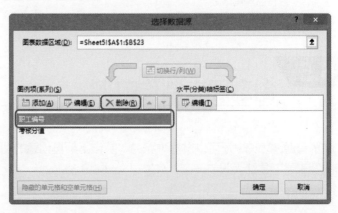

步骤 03 单击【确定】按钮，即可按"考核分值"生成直方图，如右图所示。

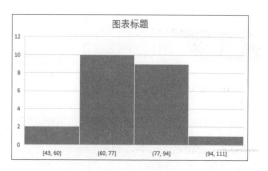

此时会发现等级分布有点不太合适，一般低于60分的视为不合格，剩下的每10分算一个档次，这样的话，肯定希望箱块的分布是以10为单位来完成的。具体操作步骤如下。

步骤 01 双击 X 轴，弹出【设置坐标轴格式】任务窗格，在【坐标轴选项】下的【箱】组中将【箱宽度】设置为"10.0"，选中【下溢箱】复选框，并将【下溢值】设置为"60.0"如左下图所示。

步骤 02 设置后的最终效果如右下图所示。

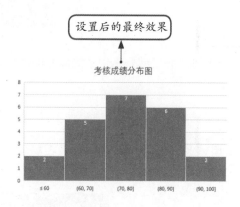

# 6.5 创意图表制作范例

除了普通图表外，还可以发挥想象力，制作出颇具创意的图表，下图所示为一个 3D 魔方图。这样的图表是不是让人眼前一亮？（素材 \ch06\6.5.xlsx）

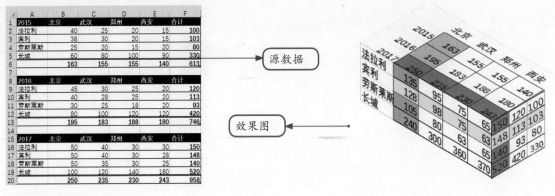

源数据

效果图

具体操作步骤如下。

**步骤 01** 按照产品和地区、时间和地区、产品和时间修改数据格式，如右图所示。

| | 按产品和地区划分 | | | |
|---|---|---|---|---|
| | 北京 | 武汉 | 郑州 | 西安 |
| 法拉利 | 135 | 95 | 75 | 65 |
| 宾利 | 128 | 98 | 75 | 63 |
| 劳斯莱斯 | 105 | 80 | 63 | 65 |
| 长城 | 240 | 300 | 360 | 370 |

| | 按时间和地区划分 | | | |
|---|---|---|---|---|
| | 北京 | 武汉 | 郑州 | 西安 |
| 2015 | 163 | 155 | 155 | 140 |
| 2016 | 195 | 183 | 188 | 180 |
| 2017 | 250 | 235 | 230 | 243 |

| | 按产品和时间划分 | | |
|---|---|---|---|
| | 2017 | 2016 | 2015 |
| 法拉利 | 150 | 120 | 100 |
| 宾利 | 148 | 113 | 103 |
| 劳斯莱斯 | 140 | 93 | 80 |
| 长城 | 520 | 420 | 330 |

**步骤 02** 分别为三个表设置颜色，并调整列宽为"5"，如下图所示。

| 按产品和地区划分 | | | | |
|---|---|---|---|---|
| | 北京 | 武汉 | 郑州 | 西安 |
| 法拉利 | 135 | 95 | 75 | 65 |
| 宾利 | 128 | 98 | 75 | 63 |
| 劳斯莱斯 | 105 | 80 | 63 | 65 |
| 长城 | 240 | 300 | 360 | 370 |

| 按时间和地区划分 | | | | |
|---|---|---|---|---|
| | 北京 | 武汉 | 郑州 | 西安 |
| 2015 | 163 | 155 | 155 | 140 |
| 2016 | 195 | 183 | 188 | 180 |
| 2017 | 250 | 235 | 230 | 243 |

| 按产品和时间划分 | | | |
|---|---|---|---|
| | 2017 | 2016 | 2015 |
| 法拉利 | 150 | 120 | 100 |
| 宾利 | 148 | 113 | 103 |
| 劳斯莱斯 | 140 | 93 | 80 |
| 长城 | 520 | 420 | 330 |

**步骤 03** 依次复制每个表，并分别粘贴为【链接的图片】，如右图所示。

**步骤 04** 选择第1张图片，打开【设置图片格式】窗格，设置X、Y、Z旋转角度，如下图所示。

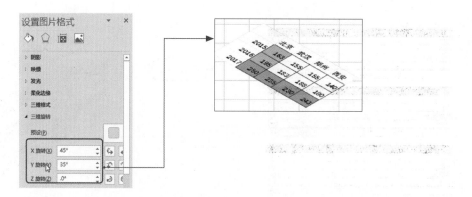

步骤 ⑤ 选择第 2 张图片，打开【设置图片格式】窗格，设置 $X$、$Y$、$Z$ 旋转角度，如下图所示。

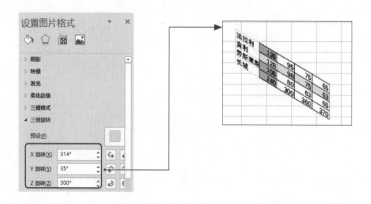

步骤 ⑥ 选择第 3 张图片，打开【设置图片格式】窗格，设置 $X$、$Y$、$Z$ 旋转角度，如下图所示。

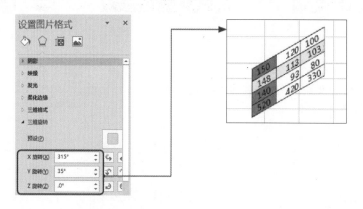

此时，图片和表格中的数据是关联的，如果修改数据，图片会发生相应的变化。合理摆放，并根据需要适当修改表格中的格式即可达到 3D 魔方效果。

步骤 **07** 将 3 幅图片组合到一起，完成创意图表的制作，如下图所示。

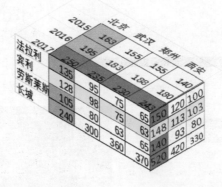

本章主要介绍高级图表制作技巧，在结束本章内容之前，不妨先测试一下本章的学习效果，打开"素材\ch06"文件夹中的素材文件，分别根据要求完成相应的操作，如果能顺利完成，则表明已经掌握了本章的内容；如果不能，就再认真学习一下本章的内容，然后学习后续章节吧。

高手点拨

（1）打开"素材 \ch06\ 高手自测 1.xlsx"文件，根据表中提供的数据创建柱形图图表，如下图所示。

| | 刘大 | 孙二 | 皮三 | 李四 | 王五 | 谁六 |
| --- | --- | --- | --- | --- | --- | --- |
| 数量 | 40 | 50 | 80 | 100 | 108 | 123 |

生产数量对比

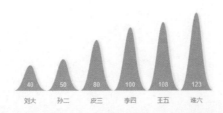

（2）打开"素材 \ch06\ 高手自测 2.xlsx"文件，根据表中提供的数据创建雷达图图表，如下图所示。

| 季度 | 月份 | 产品A | 产品B | 产品C | 产品D | 产品E | 产品F | 合计 |
|---|---|---|---|---|---|---|---|---|
| 1季度 | 1月 | 50 | 20 | 30 | 30 | 30 | 30 | 190 |
| | 2月 | 60 | 15 | 20 | 20 | 20 | 20 | 155 |
| | 3月 | 70 | 5 | 15 | 15 | 15 | 15 | 135 |
| 2季度 | 4月 | 80 | 15 | 20 | 20 | 20 | 20 | 175 |
| | 5月 | 90 | 15 | 15 | 15 | 15 | 15 | 155 |
| | 6月 | 100 | 15 | 20 | 20 | 20 | 20 | 195 |
| 3季度 | 7月 | 50 | 5 | 15 | 15 | 15 | 15 | 115 |
| | 8月 | 60 | 15 | 20 | 20 | 20 | 20 | 155 |
| | 9月 | 70 | 15 | 20 | 20 | 20 | 20 | 165 |
| 4季度 | 10月 | 80 | 5 | 15 | 15 | 15 | 15 | 145 |
| | 11月 | 90 | 15 | 20 | 20 | 20 | 20 | 185 |
| | 12月 | 100 | 15 | 20 | 20 | 20 | 20 | 165 |
| 合计 | | 900 | 135 | 225 | 225 | 225 | 225 | 1935 |

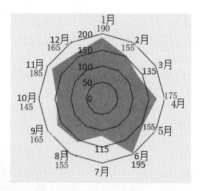

（3）打开"素材\ch06\高手自测3.xlsx"文件，根据表中提供的数据创建组合图表，如下图所示。

| 招生部门 | 负责人 | 2019年各季度 | | | | 2016年 | 2015年 | 增减 |
|---|---|---|---|---|---|---|---|---|
| | | 一季度 | 二季度 | 三季度 | 四季度 | | | |
| 一处 | 张三 | 130 | 85 | 846 | 100 | 1161 | 1005 | 156 |
| 二处 | 李四 | 140 | 60 | 798 | 98 | 1096 | 980 | 116 |
| 三处 | 王五 | 180 | 70 | 640 | 64 | 954 | 798 | 156 |
| 四处 | 赵六 | 200 | 120 | 580 | 89 | 989 | 950 | 39 |
| 合计 | | 650 | 335 | 2864 | 351 | 4200 | 3733 | 467 |

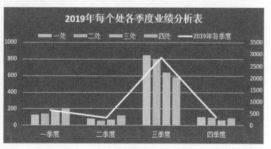

7

高效赋能：使图表动起来——动态交互图表

　　创建数据图表主要是为了体现数据间的联系，将数据可视化，
展现数据的内部关系，同时图表可以直观地表达制作者的思想，让
人理解相关数据。动态交互图表与静态图表的区别主要在于交互性，
日常工作中经常要用图表对数据进行分析或展示，动态交互图表能
够更准确地表达出制作者的意图，增强说服力。

教学视频

# 7.1 动态图表的基本原理和方法

动态图表会随着用户选择的数据变化而变化，使用动态图表能够突出重点数据，避免被其他不需要的数据干扰，从而提高数据分析效率。

## 7.1.1 动态图表的基本原理

动态图表的基本原理，简单来讲就是通过交互和函数调用，生成临时数据源，并使用临时数据源制作出图表。其本质是图表源数据的变化。

实现数据源改变有两种方式。第一种是数据系列名称或数据系列值的变化，如下图所示。

第二种是使用 OFFSET、INDEX、MATCH、VLOOKUP 等函数实现图表源数据的变化。

常用的动态图表使用控件制作，将数据源跟控件链接的单元格进行关联后制作图表。当选择控件时，链接的单元格中的值会发生变化，构建的辅助数据也会变化，图表就会变化，牵一发而动全身。

此外，动态图表经常与【定义名称】功能相结合，这是因为定义名称无须在单元格中输入公式占用表格中的位置。从而避免数据较多时，表格看起来混乱。

## 7.1.2 动态图表的制作方法

动态图表的制作流程包括获取元数据、整理元数据、生成基础表格或者汇总表、使用控件交互、使用函数生成图表数据、制作图表 6 部分，如下图所示。

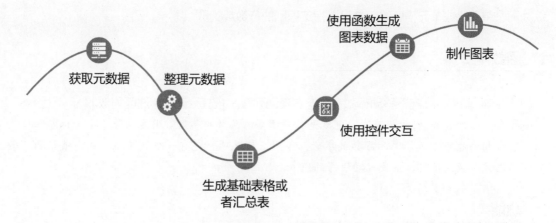

（1）获取元数据：元数据通常由企业或需要制作图表的单位提供，表格数量可达十几个甚至几十个，表格间独立性较强。

（2）整理元数据：表格数量过多，在不同表格间调用数据时，不仅费时费力，还容易出错，因此，需要对元数据进行分析、整理。

（3）生成基础表格或者汇总表：整理元数据后，汇总出制作图表所需的关键数据，生成基础表格或汇总表，该表是提取制作图表的数据的基础。

（4）使用控件交互：使用控件与单元格链接，通过对控件操作，改变与之链接单元格中的值。

（5）使用函数生成图表数据：综合利用各类函数，通过与控件链接单元格中的值，从基础表格或汇总表中获取生成图表的数据。通过操作控件，可改变生成的图表数据。

（6）制作图表：根据图表数据生成图表并且对图表进行设置，这样，当控件改变时，图表数据也会变化，图表则随之变化，就完成了动态图表的制作。

## 7.2 Excel 动态图表的常用函数

制作动态图表常用函数主要有 OFFSET 函数、COUNTA 函数，MATCH 函数、VLOOKUP 函数和 INDEX 函数。下面一一进行介绍。

### 7.2.1 OFFSET 函数

OFFSET 函数的功能为以指定的引用为参照系，通过给定偏移量得到新的引用。返回的引用可以为一个单元格或单元格区域，并可以指定返回的行数或列数。

## 1 函数体

OFFSET(< 基点 >,< 向下移动行数 >,< 向右移动列数 >,[ 选区行数 ],[ 选区列数 ])

**提示：** 用尖括号 <> 表示必选项，也就是必须填写的函数的参数；用方括号 [ ] 表示可选项，也就是可以填写也可以不填写的函数的参数。下同。可选项一定有一个缺省值。缺省值指的是当用户不填写该参数的值时，系统自动填写的值。

## 2 功能

该函数返回一块区域，就像指定给动态图表的数据源一样的一个选区。它是通过相对于基点的移动来实现的。

## 3 应用场景

通常利用 OFFSET 函数改变图表数据源，来制作动态图表。

## 4 参数

< 基点 >：一个单元格或连续的单元格区域。代表从这个单元格或单元格区域开始移动。

< 向下移动行数 >：要移动几行，正数向下移动，负数向上移动。

< 向右移动列数 >：要移动几列，正数向右移动，负数向左移动。

[ 选区行数 ]：移动到位后，要选取几行返回。

[ 选区列数 ]：移动到位后，要选取几列返回。

**提示：** 如果不使用最后 2 个参数，返回的选区和 < 基点 > 的大小相同，也就是返回的选区，是 < 基点 > 的行数和列数。

## 5 举例

OFFSET(A1,2,3,4,5)

该函数返回从 A1 单元格开始，向下移动 2 行，向右移动 3 列，从移动到的单元格开始，选取 4×5 的单元格区域并返回。

下面打开素材 \ch07\OFFSET1.xlsx 文件，如下图所示。

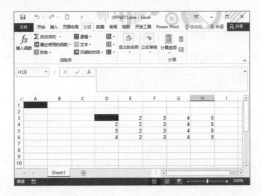

选择【公式】→【名称管理器】选项，打开【名称管理器】对话框，这里有已经定义好名称 myoff。myoff 名称引用的公式为 "=OFFSET(Sheet1!A1,2,3,4,5)"，如左下图所示。单击公式内容，Excel 将会自动显示该公式的结果（黄色部分），如右下图所示。

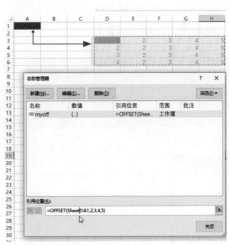

上图的意思是：从 A1（第 1 个参数）单元格（用红色表示）开始，下移 2（第 2 个参数）行，右移 3（第 3 个参数）列，到达红色的 D3 单元格，从这个单元格开始，选取 4（第 4 个参数）行 5（第 5 个参数）列作为公式的返回结果。

## 7.2.2 COUNTA 函数

COUNTA 函数可以计算单元格区域或数组中包含数据的单元格个数。

## ① 函数体

COUNTA(< 参数 1>,[ 参数 2],……)

**提示:** < 参数 1> 可以是一个单元格引用，可以是一个单元格区域的引用，也可以是一个数值，还可以是一个字符串等。[ 参数 2] 也是这样。

## ② 功能

该函数返回参数所代表的值或单元格或单元格区域不为空的个数。

**提示:** 什么叫作不为空呢？只有一种情况为空，那就是这个单元格从来没被输入过任何东西（当然，输入过但又被删除了也为空），其他均是不为空。如单元格中有公式（即使这个单元格计算结果为空值）则不为空，空格也不为空，#DIV/0! 也不为空，参数只要不是单元格（或单元格区域）引用，就不为空。

COUNT 是一系列函数，包含 COUNT 函数、COUNTA 函数、COUNTIF 函数和 COUNTIFS 函数等。其作用都是计数，只是计数的标准不同。

COUNT 函数计算包含数字的单元格的个数。

COUNTA 函数计算不为空的单元格的个数。

COUNTIF 函数计算满足某个条件的单元格的个数。

COUNTIFS 函数计算满足多个条件的单元格的个数。

## ③ 应用场景

COUNTA 函数常嵌套于 OFFSET 函数中，用于给动态图表提供数据源。

## ④ 举例

COUNTA(A1) 返回 1 或 0。如果单元格 A1 不为空，返回 1，如左下图所示；否则返回 0，如右下图所示。

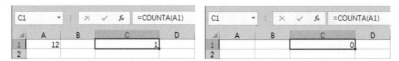

COUNTA(A1:A3) 返回单元格 A1 到 A3 不为空的个数，如下图所示。

**提示：** 上面的两个例子是 COUNTA 函数较为常用的用法，而下面的 4 种例子，在实际工作工作中使用得并不多，但可以帮助读者更清晰地认识 COUNTA 函数。

COUNTA(2) 返回 1。此时参数 1 是一个数字，而不是对单元格的引用，那就返回参数的个数 1，如下图所示。

COUNTA(A1,3) 返回 1 或 2。 如果单元格 A1 不为空，返回 2，如左下图所示；否则返回 1，如右下图所示。此时参数 1 是对单元格的引用，参数 2 是一个数字。

COUNTA(,) 返回 2。此时参数 1 不是引用，参数 2 也不是，而且都省略了。那么就返回参数的个数 2，如左下图所示。

COUNTA("") 返回 1。此时参数 1 不是引用，直接返回参数的个数 1，而不管参数 1 具体是什么，哪怕是空的，如右下图所示。

## 7.2.3 MATCH 函数

MATCH 函数用于返回指定数值在指定数组区域中的位置。

### 1 函数体

MATCH(< 关键字 >,< 区域 >,[ 查找方式 ])

## 2 功能

MATCH 函数是一个查找函数,在指定<区域>内,以某种<查找方式>,按<关键字>进行查找,并返回找到的值的相对位置(相对于<区域>的位置,在<区域>内的第几行或者列)。如果没有查找到,返回错误值 #N/A。

## 3 参数

<关键字>:指要被查找的关键字,可以是单元格引用,也可以直接是数字、文本或者逻辑值。

<区域>:在该区域内查找。该区域可以是单元格区域或者数组。如果是单元格区域,则需要是单个连续的行或列。

[查找方式]:指明用什么查找方式进行查找。此参数只能是 3 个值中的任何一个。0 代表精确查找,就是完全相等的意思。1 代表查找小于或者等于<关键字>的最大值。此时,<区域>的内容必须已经按升序进行了排序。–1 代表查找大于或者等于<关键字>的最小值。此时,<区域>的内容必须是已经按降序进行了排序。

## 4 应用场景

当需要关键字在区域中的位置而非关键字本身时,使用 MATCH 函数。例如,可以使用 MATCH 函数提供给 INDEX 函数的 row_num 参数值,以起到这两个函数搭配使用来完成动态图表的作用。

## 5 举例

以下图所示的表格为例,用 MATCH 函数进行查找。

| | A | B | C |
|---|---|---|---|
| 1 | 地区 | 销售额/万元 | 占比 |
| 2 | 华东 | 256 | 18% |
| 3 | 华北 | 213 | 15% |
| 4 | 华东 | 356 | 26% |
| 5 | 中南 | 249 | 18% |
| 6 | 西南 | 167 | 12% |
| 7 | 西北 | 154 | 11% |

=MATCH(" 华东 ",A2:A7,0) 的结果为 1。因为"华东"位于指定区域内的第 1 行。当然,第 3 行也是"华东",该函数仅返回第 1 次发现的值的位置。

=MATCH(" 华西 ",A2:A7,0) 的结果为 #N/A。查找方式是精确查找,查找不到,就返回 #N/A。

如果把上例的最后一个参数改成 1 或 −1,进行模糊查找。由于列未排序,将会出现不可预料的结果。

## 7.2.4  VLOOKUP 函数

VLOOKUP 函数是一个纵向查找函数,可以按列查找,最终返回该列所需查询列序所对应的值,与之对应的 HLOOKUP 是按行查找的。

### 1  函数体

VLOOKUP(< 关键字 >,< 范围 >,< 列号 >,[ 查找方式 ])

### 2  功能

在指定 < 范围 > 内按 < 关键字 >,以某种 [ 查找方式 ] 进行查找,找到后选取在 < 范围 > 内找到的行与指定的 < 列号 > 相交的单元格的值。

### 3  参数

< 关键字 >:要查找的关键字。

< 范围 >:要查找的范围。注意:关键字应该始终位于 < 范围 > 区域的第一列,这样 VLOOKUP 函数才能正常工作。例如,如果查阅值位于单元格 C2 内,那么区域应该以 C 开头。

< 列号 >:代表区域中包含返回值的列号。 例如,如果指定 B2:D11 作为区域,那么应该将 B 算作第一列,C 作为第二列,以此类推。

[ 查找方式 ]:如果需要返回值的近似匹配,可以指定 TRUE;如果需要返回值的精确匹配,则指定 FALSE。 如果没有指定任何内容,默认值将始终为 TRUE 或近似匹配。

通常和其他函数搭配使用来获取动态数据，进而生成动态图表。例如，和 IFERROR 函数搭配以免出现找不到关键字的情况，和 COLUMN() 函数连用以确定列。

打开"素材 \ch07\VLOOKUP.xlsx"文件，如下图所示。

| A9 | | × ✓ fx | =VLOOKUP(A3,A2:C6,2,FALSE) | | | |
|---|---|---|---|---|---|---|
| | A | B | C | D | E | F |
| 1 | 名称 | 销量 | 库存 | | | |
| 2 | A公司 | 161 | 54 | | | |
| 3 | B公司 | 200 | 88 | | | |
| 4 | C公司 | 45 | 130 | | | |
| 5 | D公司 | 140 | 97 | | | |
| 6 | E公司 | 100 | 140 | | | |
| 7 | | | | | | |
| 8 | | | | | | |
| 9 | 200 | | | | | |
| 10 | | | | | | |

在 A9 单元格输入公式：

=VLOOKUP(A3,A2:C6,2,FALSE)

结果是 200。

函数在 A2:C6 区域内查找关键字"B 公司"，找到该关键字位于区域的第 3 行，取得该行第 2 列的值"200"。

## 7.2.5　INDEX 函数

INDEX 函数的作用是返回由文本字符串指定的引用，并显示其内容。

INDEX 函数有两种方法，一种是数组形式，另一种是引用形式。

数组形式函数体如下：

INDEX(< 数组 >,< 行数量 >,[ 列数量 ])

引用形式函数体如下：

INDEX(< 引用 >,< 行数量 >,[ 列数量 ]，[ 区域号 ])

## 2 功能

INDEX 函数是一种查找函数，在指定的 < 数组 > 或者 < 引用 > 区域内查找 < 行数量 > 与
< 列数量 > 交叉处的数值或者引用并返回。如果没有查找到，返回错误值 #N/A。

## 3 参数

< 数组 >：一个数组常量或者单元格区域引用。表示查找范围。

< 引用 >：单元格区域引用。

< 行数量 >：相对本区域的第几行。

< 列数量 >：相对本区域的第几列。

< 区域号 >：引用了多个区域，需要指明区域号，表明在哪个区域中进行查找。

## 4 应用场景

INDEX 函数通常和 MATCH 函数配合，以实现动态查找的目的。MATCH 函数的返回值作为
INDEX 函数的第 2 个或者第 3 个参数使用。

## 5 举例

打开"素材 \ch07\INDEX.xlsx"文件，如下图所示。

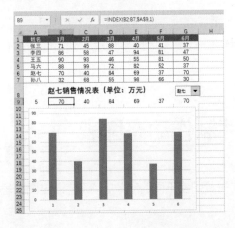

B9 单元格的公式为：

=INDEX(B2:B7,$A$9,1)

结果是 70。

代表 B2:B7 区域第 1（1 是 A9 单元格的值，来自组合框，以实现动态效果）行第 1（第 2 个参数）列的值，即 B2 单元格的值。

由于本例的查找区域是一列，所以最后一个列值 1 可以省略，而写成：

=INDEX(B2:B7,$A$9)

结果是一样的。

用这个公式就实现，用户使用组合框选择了某人，就显示此人 1 月份销售情况的动态效果。2 月和 3 月等的数据如法炮制，就形成了此人的完整销售数据，可以用于制作动态图表。

如果你觉得这样输入多个公式比较麻烦，可以让 INDEX 函数一次返回一行的数据。具体操作步骤如下。

**步骤 01** 选择 I11:N11 一行 6 个单元格，准备存放某人 1 月到 6 月的销售数据，如左下图所示。

**步骤 02** 输入公式 =INDEX(B2:G7,A9,0)，按【Ctrl+Shift+Enter】组合键，结果如右下图所示。

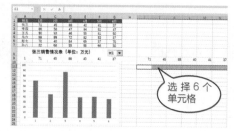 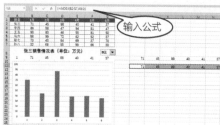

张三这一行的销售数据就显示了出来。下面分析公式：

INDEX(B2:G7,A9,0)

这次函数使用的参数和上面有 2 个不同。首先，范围不同，上次选择了一列，这次选择了 6 行 6 列。其次，多了一个参数 0，代表不选择某特定的列，而是所有列（1 行），所以一次就形成了 6 个数据。

## 7.3 使用控件制作动态图表

在制作动态图表时，往往需要切换不同的对象、情形，通过图表呈现多种情况下对应的数据，使用控件成了较为常用的切换方式。如使用选项按钮或复选框控件，可以选择不同的对象；使用滚动条控件，可以观察不同对象或时间段的变化；使用组合框控件，可以制作下拉菜单，选择更多的对象。

## 7.3.1 单选按钮式动态图表

通过单选按钮控件，可以快速选择某个对象，查看该对象的数据变化情况，下面通过一个案例，介绍单选按钮式动态图表的制作方法。具体操作步骤如下。

**步骤 01** 打开素材"ch07\ 控件动态图表 .xlsx"，选择"单选按钮动态图表"工作表，在 E 列中创建辅助区域，输入"1"，并复制产品列，如左下图所示。

**步骤 02** 在 F2 单元格输入公式"=OFFSET(A1,0,$E$1)"，并向下填充至 F8 单元格，如右下图所示。

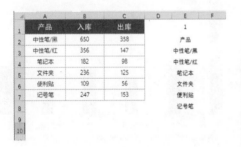

**步骤 03** 选择辅助数据区域"E2:F8"，创建一个柱形图，如左下图所示。

**步骤 04** 单击【开发工具】→【插入】按钮，在弹出的列表中，单击【选项按钮（窗体控件）】按钮，如右下图所示。

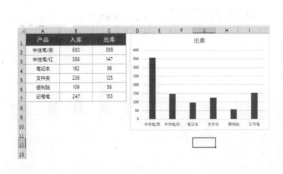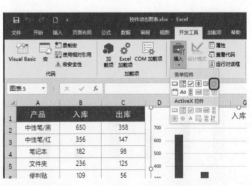

**提示：** 如功能区无【开发工具】选项卡，可以单击【文件】→【选项】→【自定义功能区】按钮，在【主选项卡】列表中选中【开发工具】复选框进行添加。

步骤 ⑤ 当鼠标变成"+"时，框选一个区域绘制选项按钮，并右击按钮控件，在弹出的快捷菜单中选择【设置控件格式】命令，在对话框中的【控制】选项卡下，选中【已选择】单选按钮，并单击【单元格链接】右侧的 ⬆ 按钮，选择 E1 单元格，然后单击【确定】按钮，如左下图所示。

步骤 ⑥ 右击控件，重命名控件名称为"入库"，如右下图所示。

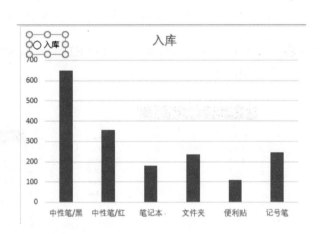

步骤 ⑦ 按【Ctrl】键，复制该控件，并命名为"出库"即可，如左下图所示。

步骤 ⑧ 删除原图表标题，使用文本框添加标题，并对图表和控件进行美化。将控件和图表进行组合，方便拖曳，最终效果如右下图所示。

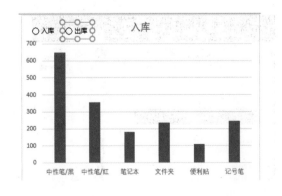
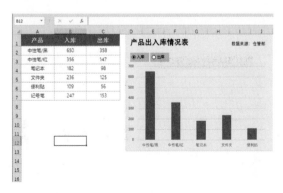

## 7.3.2　复选框式动态图表

单选按钮是"多选一"，众多选项中只能选择一个，且各选项间的关系是互斥的，而复选框则可以在众多选项中选择一个或多个，各选项间不互斥，它们在实际应用中是有很大区别的，下面通过一个实例介绍复选框式动态图表的制作方法。具体操作步骤如下。

**步骤 01** 打开素材"ch07\ 控件动态图表 .xlsx"，并选择"复选框动态图表"工作表，在 I3:I8 中输入"TRUE"，并复制日期行，如左下图所示。

**步骤 02** 在 J3 中输入公式"=IF($I3=TRUE,B3,"")"，并向下和向右复制，如右下图所示。

**步骤 03** 单击【开发工具】→【控件】→【插入】按钮，绘制【复选框】控件，并命名为"北京"，然后打开【设置对象格式】对话框，设置【单元格链接】为 I3 单元格，如下图所示。

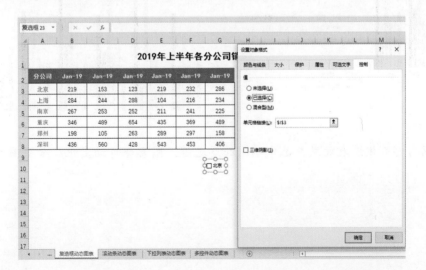

步骤 ④ 复制 5 个复选框控件，并依次设置名称及对应的单元格链接。此时，当取消选中时，对应单位格显示为"FALSE"，且不显示该城市各月份的销售数据，如左下图所示。

步骤 ⑤ 选择辅助数据区域 J2:J8，创建柱形图，如右下图所示。

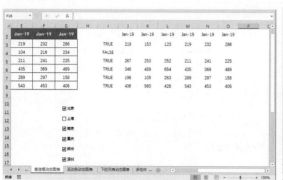
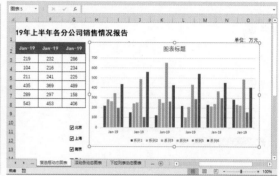

步骤 ⑥ 删除图表标题和图例，并根据情况调整图表及绘图区大小。然后右击选中 6 个复选框控件，拖曳到图表位置，并将其设置为【置于顶层】，如左下图所示。

步骤 ⑦ 调整复选框控件位置，并将其与图表进行组合，效果如右下图所示。

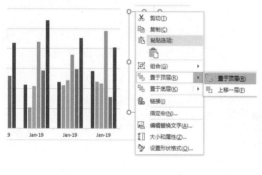
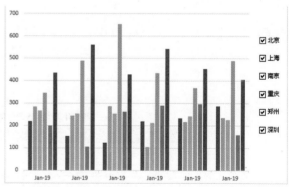

步骤 ⑧ 根据需要美化图表效果，选中不同的复选框，图表会自动变化，如下图所示。

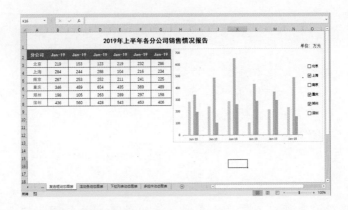

### 7.3.3 滚动条式动态图表

在使用计算机浏览网页或窗口时，会经常用到滚动条，在 Excel 图表中，也可以通过滚动条控件，来观察不同时间或对象的数据变化，此外，还可以更改数据系列的格式突出显示当前选择的位置，使数据呈现更为生动。下面通过一个实例，介绍滚动条式动态图表的制作方法。具体操作步骤如下。

**步骤 01** 打开素材"ch07\ 控件动态图表 .xlsx"，并选择"滚动条动态图表"工作表，在第 3 行中创建辅助区域。在 A3 单元格中输入"1"，在 B3 单元格中输入公式"=IF(INDEX($B$2:$M$2,0,$A$3)=B2,B2,NA())"，并向右填充，如左下图所示。

**步骤 02** 绘制一个"滚动条"控件，并打开【设置对象格式】对话框，设置【最小值】为"1"、【最大值】为"12"、【单元格链接】为 A3 单元格，然后单击【确定】按钮，如右下图所示。

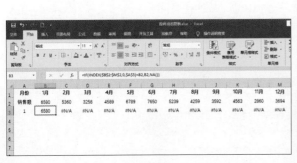

步骤 03 选择 B1:M3 单元格区域创建一个组合图表，其中"系列 1"为"折线图"、"系列 2"为"带数据标记的折线图"，效果如右图所示。

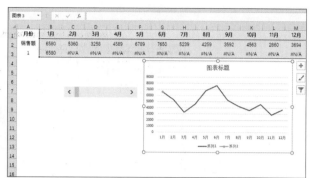

步骤 04 将滚动条控件"置于顶层"，放置到合适的位置，并与图表进行组合。然后选择"系列 2"圆点，在【设置数据系列格式】窗格中，设置颜色和标记，如左下图所示。

步骤 05 设置标题，并美化图表，拖曳滚动条即会自动显示相应的数据，如右下图所示。

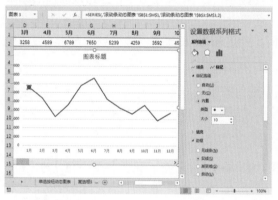

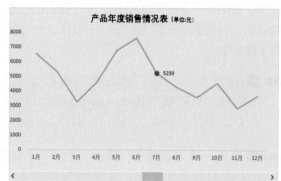

## 7.3.4　下拉菜单式动态图表

如果要查看多个对象，可以使用下拉菜单的形式，方便对不同的对象进行选择。下面通过一个实例，介绍下拉菜单式动态图表的制作方法。具体操作步骤如下。

步骤 01 打开素材"ch07\ 控件动态图表 .xlsx"，并选择"下拉列表动态图表"工作表，创建辅助区域。在 A9 单元格中输入"1"，在 B9 单元格中输入公式"=INDEX(B2:B7,$A$9,1)"，并向右填充，如左下图所示。

步骤 **02** 绘制一个组合框控件，打开【设置对象格式】对话框，在【控制】选项卡下，设置【数据源区域】为 "$A$2:$A$7"，【单元格链接】为 "$A$9"，单击【确定】按钮，如右下图所示。

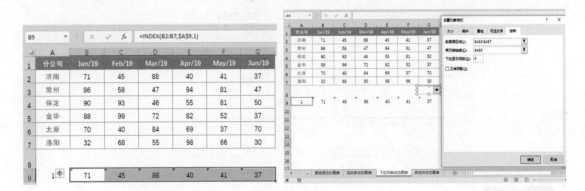

步骤 **03** 选择 B1:G1 和 B9:G9 单元格区域创建折线图，如左下图所示。

步骤 **04** 在 A8 单元格中输入公式 "=INDEX(A2:A7,A9,1)&" 分公司销售情况表（单位：万元）""，即可得到一个可以动态变化的标题，随着下拉菜单的变化而变化，如右下图所示。

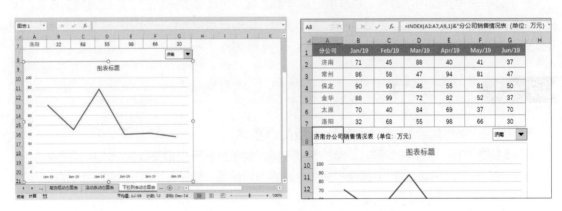

步骤 **05** 美化图表和标题后，即可得到一个下拉菜单式动态图表，效果如下图所示。

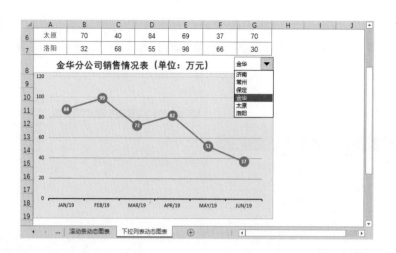

# 7.4 动态图表的综合应用：制作区域销售动态图表

对于公司的销售部门，每月、每季度或每年都会做一份详细的销售图表，在源数据过多的情况下，图表会显得非常杂乱，甚至看不到重要信息，这时就可以制作一份销售动态图表，根据需要选择要查看的数据并以图表的形式展示出来。

## 7.4.1 分析需求

通过调研，制作区域销售动态图表需要达到以下要求。

（1）销售产品包含多种类型时，能够选择不同的类型并显示出相关数据，如左下图所示。

（2）包含多个区域时，可以选择不同的区域并显示数据，便于在不同区域间对比数据，如右下图所示。

| 请选择系列类型 | 请选择销售区域 |
|---|---|
| ◉ X1系列 | ☑ 北京 |
| ○ X2系列 | ☑ 上海 |
| ○ X3系列 | ☑ 广州 |
|  | ☑ 深圳 |

（3）将选择的数据显示在表格及图表中，如下图所示。

| X1系列 2018年逐月销售对比 | | | | | | | | | | | |
| --- | --- | --- | --- | --- | --- | --- | --- | --- | --- | --- | --- |
| 1月 | 2月 | 3月 | 4月 | 5月 | 6月 | 7月 | 8月 | 9月 | 10月 | 11月 | 12月 |

| | 1月 | 2月 | 3月 | 4月 | 5月 | 6月 | 7月 | 8月 | 9月 | 10月 | 11月 | 12月 |
| --- | --- | --- | --- | --- | --- | --- | --- | --- | --- | --- | --- | --- |
| 北京 | 500 | 600 | 300 | 400 | 126 | 344 | 454 | 232 | 333 | 567 | 332 | 123 |
| 上海 | 200 | 50 | 345 | 322 | 233 | 124 | 153 | 554 | 532 | 655 | 445 | 533 |
| 广州 | 102 | 346 | 134 | 233 | 502 | 224 | 222 | 223 | 221 | 332 | 222 | 332 |
| 深圳 | 300 | 732 | 432 | 403 | 65 | 344 | 467 | 703 | 456 | 456 | 667 | 566 |

## 7.4.2 数据准备

数据通常从不同区域的销售部门提供的流水数据中获取，此时，表格的数量会很多，可以根据制作图表的要求对原始数据进行简化处理，得到制作图表的基础数据表。便于使用公式和函数调用。下图所示为整理后的基础数据表。

下面为数据定义名称，便于在 7.4.6 节调用数据。具体操作步骤如下。

步骤 01 选择 A3:M6 单元格区域，单击【公式】选项卡下【定义的名称】组中的【定义名称】下拉按钮，在弹出的下拉列表中选择【定义名称】选项，如下图所示。

步骤 02 弹出【新建名称】对话框，设置
【名称】为"X1系列"。单击【确
定】按钮，如右图所示。

步骤 03 使用同样的方法，定义 A12:M15 单元格区域的名称为"X2 系列"，如左下图所示，
定义 A21:M24 单元格区域的名称为"X3 系列"，如右下图所示。

步骤 04 单击【公式】选项卡下【定义的名称】组中的【名称管理器】按钮，在打开的【名
称管理器】对话框中可查看定义的名称，如下图所示。

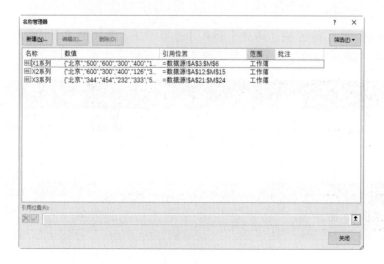

## 7.4.3 图表展示区域的布局

打开"素材 \ch07\ 区域销售动态图表 .xlsx"文件，首先在"动态图表"工作表中来规划图表的布局。具体操作步骤如下。

步骤 **01** 合并 A1:M1 单元格区域，输入"区域销售动态图表"，并根据需要设置字体、字号、字体颜色及单元格填充颜色。然后设置【水平对齐】为"分散对齐（缩进）"、【缩进】为"14"，如左下图所示。

步骤 **02** 设置后效果如右下图所示。该区域下方用于显示动态图表。

步骤 **03** 合并 L4:M4 单元格区域，输入"请选择系列类型"文本，并设置样式，该区域主要用于放置选择系列类型的控制按钮，如下图所示。

步骤 **04** 选择 L13:M13 单元格区域，输入"请选择销售区域"文本，并设置样式，该区域主要用于放置选择销售区域的控制按钮，如下图所示。

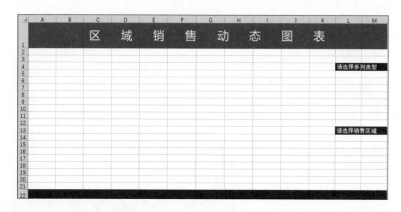

步骤 **05** 合并 A22:M22 单元格区域，该区域用于显示选择的产品类型，如下图所示。

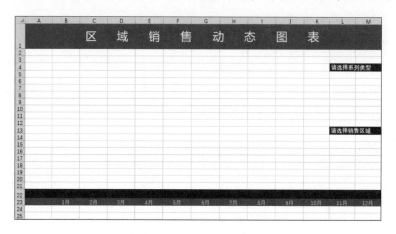

步骤 **06** 然后根据需要设置 A23:M23 单元格区域的样式，并输入月份，如下图所示。

步骤 **07** 选择 A24:A27 单元格区域，单击【开始】选项卡下【样式】组中【条件格式】下拉按钮，选择【新建规则】选项，如左下图所示。

步骤 ⑧ 弹出【新建格式规则】对话框，在【选择规则类型】区域选择【只为包含以下内容的单元格设置格式】选项，并在【只为满足以下条件的单元格设置格式】下选择【无空值】选项，单击【格式】按钮，如右下图所示。

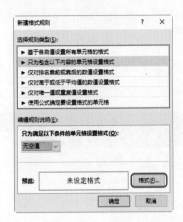

步骤 ⑨ 在【设置单元格格式】对话框的【填充】选项卡下选择一种填充颜色，如蓝色。单击【确定】按钮，如左下图所示。

步骤 ⑩ 返回【新建格式规则】对话框，再次单击【确定】按钮，此时，如果 A24:A27 单元格区域不为空，则显示蓝色填充，否则，不填充颜色，如右下图所示。

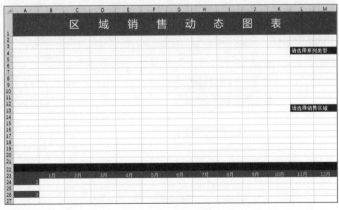

**提示：** 这里 A24 单元格和 A26 单元格中的内容是随便输入的，作用是展示效果，要进行后续操作，首先要删除 A24 单元格和 A26 单元格中的内容。

"请选择系列类型"区域主要是使用【选项按钮】按钮来选择产品系列的类型，【选项按钮】是单选控件按钮，只能在一组选项中选择其中一个。具体操作步骤如下。

步骤 01 单击【开发工具】→【插入】→【表单控件】→【选项按钮（窗体控件）】按钮，如下图所示。

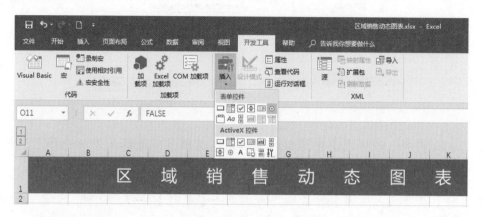

步骤 02 在"请选择系列类型"下方的 L5:M9 单元格区域绘制【选项按钮】按钮并右击，在弹出的快捷菜单中选择【编辑文字】选项，如左下图所示。

步骤 03 将名称更改为"X1 系列"，并移动至合适的位置，效果如右下图所示。

步骤 04 再次在【选项按钮】上右击，在弹出的快捷菜单中选择【设置控件格式】选项，如左下图所示。

步骤 05 弹出【设置对象格式】对话框，在【控制】选项卡下选中【已选择】单选按钮，设置【单元格链接】为 "$O$3"，单击【确定】按钮，如右下图所示。

步骤 06 设置完成，选中该按钮时，即可在 O3 单元格中显示数字 "1"，如右图所示。

步骤 07 使用同样的方法，再次绘制两个【选项按钮】按钮，分别命名为 "X2 系列" "X3 系列"，并设置【单元格链接】为 "$O$3"。当用户选中【X1 系列】按钮，系统会在 O3 单元格显示 "1"；用户选中【X2 系列】按钮，系统会在 O3 单元格显示 "2"；用户选中【X3 系列】按钮，系统会在 O3 单元格显示 "3"；以后函数可以访问 O3 单元格的内容以判断用户选择了什么，分别如下图所示。

步骤 08 选择 O4 单元格，输入函数 "=CHOOSE(O3,"X1系列","X2系列","X3系列")"，如右图所示。

=CHOOSE(O3, "X1系列","X2系列","X3系列")

步骤 09 按【Enter】键确认，即可在 O4 单元格中显示用户选择了哪个产品系列，如下图所示。

这里使用了函数：=CHOOSE(O3,"X1系列","X2系列","X3系列")。下面分析下 CHOOSE 函数。

CHOOSE 函数的语法如下：

Choose(index_num, value1, [value2], ...)

Index_num 为必要参数，数值表达式或字段，它的运算结果是一个数值，且为介于 1~254 的数字。

如果 index_num 为 1，函数 CHOOSE 返回 value1；如果为 2，函数 CHOOSE 返回 value2，以此类推。

如果 index_num 小于 1 或大于列表中最后一个值的序号，函数 CHOOSE 返回错误值 #VALUE!。

如果 index_num 为小数，则在使用前将被截尾取整。

这样这个函数就清晰了，=CHOOSE(O3,"X1 系列 ","X2 系列 ","X3 系列 ") 表明，如果 O3=1，则返回 X1 系列；如果 O3=2，则返回 X2 系列；如果 O3=3，则返回 X3 系列。

## 7.4.5 制作"选择销售区域"区域

"请选择销售区域"区域主要是使用【复选框】按钮来选择销售区域，【复选框】按钮是一种可同时选中多项的基础控件，可以在一组选项中选择多个目标。具体操作步骤如下。

**步骤 01** 单击【开发工具】→【插入】→【表单控件】→【复选框（窗体控件）】按钮，如左下图所示。

**步骤 02** 在 L14:M18 单元格区域绘制【复选框】按钮并右击，在弹出的快捷菜单中选择【编辑文字】选项，如右下图所示。

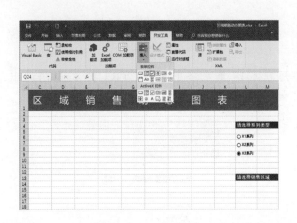

**步骤 03** 将名称更改为"北京"，并移动至合适的位置。效果如左下图所示。

**步骤 04** 再次在【复选框】上右击，在弹出的快捷菜单中选择【设置控件格式】选项，如右下图所示。

**步骤 05** 弹出【设置对象格式】对话框，在【控制】选项卡下选中【已选择】单选按钮，设置【单元格链接】为 "$O$14"，单击【确定】按钮，如右图所示。

**步骤 06** 设置完成，选中该按钮时，即可在 O14 单元格中显示 "TRUE"，取消选中，则在 O14 单元格中显示 "FALSE"，如下图所示。

**步骤 07** 使用同样的方法，再次绘制 3 个【复选框】按钮，分别命名为 "上海" "广州" "深圳"，并分别设置【单元格链接】为 "$O$15" "$O$16" "$O$17"。当用户选中或取

消选中不同的复选框，即可在对应的单元格中显示"TRUE"或"FALSE"，如下图所示。

**步骤 08** 选择P14单元格，输入函数"=IF(O14,"北京","")"，按【Enter】键确认，当选中【北京】复选框时，P14单元格显示"北京"，否则显示为空，如下图所示。

**步骤 09** 依次在 P15~P17 单元格中输入函数"=IF(O15,"上海","")""=IF(O16,"广州","")""=IF(O17,"深圳","")"，如下图所示。

这里使用了函数 =IF(O14," 北京 ",""), IF 函数的语法如下：

IF(logical_test,value_if_true,value_if_false)

Logical_test：表示计算结果为 TRUE 或 FALSE 的任意值或表达式。

Value_if_true：logical_test 为 TRUE 时返回的值。

Value_if_false：logical_test 为 FALSE 时返回的值。

通过 IF 函数的语法就可以知道，=IF(O14," 北京 ","") 函数表示如果 O14 单元格中的值为
TRUE，则返回" 北京"；如果 O14 单元格中的值为 FALSE，则返回空值。

步骤 ❿ 按住【Ctrl】键，依次在【请选择系列类型】下的 3 个选项按钮上右击，即可同时
选择 3 个选项按钮，在选择的选项按钮上右击，在弹出的快捷菜单中选择【组合】
→【组合】菜单命令，如左下图所示，将 3 个选项按钮组合，并将其置于顶层，如
右下图所示。

步骤 ⓫ 重复上一步的操作，将【请选择销售区域】下的 4 个复选框组合，并将其置于顶层，
如下图所示。

## 7.4.6 使用函数计算选择产品类型及销售区域后的数据

在制作图表前，首先要提取制作图表的主数据，在介绍函数使用前，首先认识下数组公式。

数组公式与普通公式不同，在结束数组公式编辑工作时，需要按【Ctrl+Shift+Enter】组合键。作为标识，Excel 会自动在编辑栏中给数组公式的首尾加上大括号（{}）。数组公式的实质是单元格公式的一种书写形式，用来通知 Excel 计算引擎对其执行多项计算。

多项计算是对公式中有对应关系的数组元素同步执行相关计算，或者在工作表的相应单元格区域中同时返回常量数组、区域数组、内存数组或命名数组的多个元素。

多单元格数组公式有如下限制。

（1）不能单独改变公式区域的某一部分单元格的内容。

（2）不能单独移动公式区域的某一部分单元格。

（3）不能单独删除公式区域的某一部分单元格。

（4）不能在公式区域插入新的单元格。

下面介绍的函数及语法是计算图表主数据过程中需要使用到的函数，先了解这些函数的用法，能更好地理解嵌套函数的作用。在 7.2 节已经详细介绍了 INDEX 函数、VLOOKUP 函数，这里不再赘述。

### 1 IFERROR 函数

IFERROR 函数的作用是如果公式计算结果为错误，则返回指定的值；否则，将返回公式的结果。

其语法结构为 IFERROR(value, value_if_error)。

value 是检查是否存在错误的参数。

Value_if_error 为公式的计算结果错误时返回的值。计算以下错误类型：#N/A、#VALUE!、#REF!、#DIV/0!、#NUM!、 #NAME? 或 #NULL!。

### 2 SMALL 函数

SMALL 函数用于返回数据组中的第 k 个最小值。

其语法结构为：SMALL(array,k)。

array 为需要找到第 k 个最小值的数组或数字型数据区域。

k 为返回的数据在数组或数据区域里的位置 ( 从小到大 )。

## 3 ROW 函数

ROW 函数是函数中的一种，作用是返回一个引用的行号。

其语法结构为：ROW(reference)。

reference 为需要得到其行号的单元格或单元格区域。

## 4 INDIRECT 函数

INDIRECT 函数返回由文本字符串指定的引用，并显示其内容。

其语法结构为：INDIRECT(ref_text, [a1])。

Ref_text：必需参数，对单元格的引用，此单元格包含 A 样式的引用、R1C1 样式的引用、定义为引用的名称或对作为文本字符串的单元格的引用。

A1：可选参数，一个逻辑值，用于指定包含在单元格 ref_text 中的引用的类型。如果 a1 为 TRUE 或省略，ref_text 返回 A1 样式的引用；如果 a1 为 FALSE，则将 ref_text 返回 R1C1 样式的引用。

## 5 COLUMN 函数

COLUMN 函数返回给定单元格引用的列号。

其语法结构为：COLUMN([reference])。

reference 为要返回其列号的单元格或单元格区域。

下面介绍获取图表主数据的方法。具体操作步骤如下。

**步骤 01** 选择 A22 单元格，在编辑栏输入公式"=O4&" 2018年逐月销售对比 "，按【Enter】键，即可显示选择的系列名称，如下图所示。

步骤 **02** 选择 A24:A27 单元格区域，输入"=IFERROR(INDEX($P$14:$P$17,SMALL(IF($P$14:$P$17<>"",ROW($P$14:$P$17)),ROW()-23)-13),"")"，按【Ctrl+Shift+Enter】组合键，完成数组公式的输入。即可显示在【请选择销售区域】区域选中的销售区域复选框名称，如下图所示。

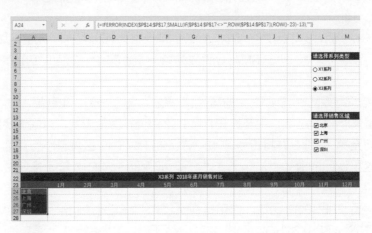

步骤 **03** 此时，在【请选择销售区域】区域取消选中【北京】复选框，即可不显示北京的数据，如下图所示。

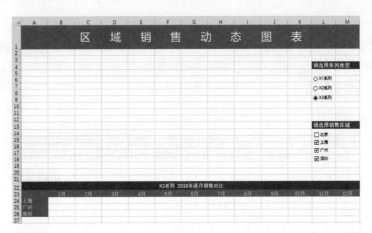

下面先来介绍下公式 =IFERROR(INDEX($P$14:$P$17,SMALL(IF($P$14:$P$17<>"",ROW($P$14:$P$17)),ROW()-23)-13),"")。

这个公式涉及 IFERROR 函数、INDEX 函数、SMALL 函数、ROW 函数的嵌套使用。例如，在类型区域选中了【上海】【广州】【深圳】复选框，取消选中【北京】复选框。

（1）第 3 层是 SMALL 函数，用于返回 P14:P17 单元格区域中的第几个最小值，先通过 IF

函数判断 P14:P17 单元格区域的值是否为空。如果为空，则返回 P14:P17 单元格区域对应的行号，并将返回的行号作为 SMALL 的第一个参数。所以这里返回的第一个参数就是除北京外，其他 3 个城市对应的行号 "15:17"。

然后使用 "ROW()" 函数获取当前所选单元格（即 A24:A27 单元格区域）的行号，然后将行号减去 23 返回。

为什么要减去 23 呢？这是因为当前输入公式的单元格为 A24:A27 单元格区域，减去 23 即可表示 "1" "2" "3" "4"，即在 SMALL 函数的第一个参数中，返回对应的第 1、2、3、4 个行号值。

这里得到的结果是返回 "15:17" 中的第 "1" "2" "3" 个值。也就是 "15:17"。

（2）第 2 层是 INDEX 函数，主要是在 P14:P17 单元格区域查找，返回查找区域中满足条件的行，即第 15 行至第 17 行，并将行号减 13（单元格 P14:P17 区域最小行为 14，减去 13 则表示 "1"），这里返回的值为 "2" "3" "4"，即返回 P14:P17 单元格区域中第 2 行至第 4 行单元格中的值，也就是 "上海" "广州" "深圳"。

（3）第 1 层是 IFRERROR 函数，作用是判断公式 "INDEX($P$14:$P$17,SMALL(IF($P$14:$P$17<>"",ROW($P$14:$P$17)),ROW()-23)-13)" 是否正确，这里包含 "上海" "广州" "深圳"，也就是正确，所以返回 "上海" "广州" "深圳"。

简而言之，就是通过判断 P14:P17 区域是否为空。不为空，则依次显示在 A24:A27 单元格区域中；反之，不显示。

步骤 **04** 选择 B24:M24 单元格区域，输入公式 "=IFERROR(VLOOKUP($A24,INDIRECT($O$4),COLUMN(),0),"")"，按【Ctrl+Shift+Enter】组合键，即可计算出 X3 系列北京销售区域 1~12 月的销售记录数据，如下图所示。

步骤 05 选择 B24:M24 单元格区域，使用填充柄向下填充至 A27:M27 单元格，即可计算出 X3 系列所有销售区域 1~12 月的销售记录数据，如右图所示。

步骤 06 根据需要选择不同的销售类型及销售区域，表格中的数据会随之变化，如下图所示。

这里主要用到公式 =IFERROR(VLOOKUP($A24,INDIRECT($O$4),COLUMN(),0),"")，下面以上方右侧图为例对公式进行分析。

（1）内层使用 VLOOKUP 函数进行查找，公式为"VLOOKUP($A24,INDIRECT($O$4),COLUMN(),0)"，这里第一个参数"$A24"是要查找的内容，在上方右侧图中改值为"上海"；第 2 个参数是"INDIRECT($O$4)"，也就是要查找的区域，这里 O4 单元格中为"X2 系列"，"X2 系列"为已定义的单元格引用名称，代表"数据源"工作表中的 A12:M15 数据区域；第 3 个参数作用是返回查找区域的第几列的数据，这里使用"COLUMN()"，其值为当前所选单元格的列，即 B24 单元格的列号，也就是"2"；第 4 个参数是"0"，表示精确查找。

通过上面的公式，即可在 B24 单元格返回"数据源"工作表中的 A12:M15 数据区域"上海"所在行第 2 列的数据，即"50"。

（2）使用 FERROR 函数判断内部公式返回的值，此时返回的是"50"，不是错误值，因此返回"50"，并显示在 B24 单元格。

## 7.4.7 制作动态图表

图表数据计算完成后，就可以开始制作图表。具体操作步骤如下。

**步骤 01** 选中【X1 系列】选项按钮，并选中所有销售区域复选框，选择 A23:M27 单元格区域，单击【插入】选项卡下【图表】组中的【查看所有图表】按钮，如下图所示。

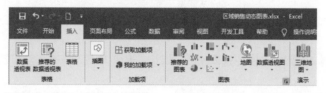

**步骤 02** 弹出【插入图表】对话框，选择【所有图表】选项卡，在左侧选择【柱形图】选项，在右侧选择【簇状柱形图】图表类型，单击【确定】按钮，如右图所示。

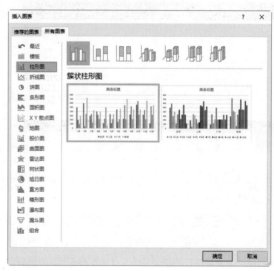

**步骤 03** 即可完成组合图图表的创建，调整图表的大小和位置，然后选择绘图区，将绘图区横向调小，然后将图表置于底层，效果如左下图所示。

**步骤 04** 选中【图表标题】文本框，在编辑栏中输入"="，并单击 A22 单元格，如右下图所示。

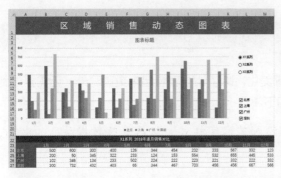 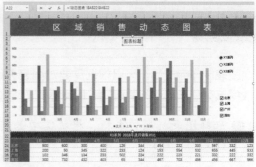

步骤 ⑤ 按【Enter】键，即可在图表标题中引用 A22 单元格中的内容，如左下图所示。

步骤 ⑥ 在【请选择系列类型】区域选择产品类型后，可以发现图表数据、图表及图表标题都会随之变化，如右下图所示。

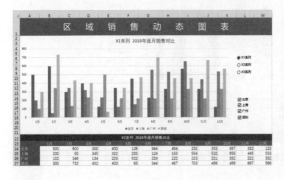 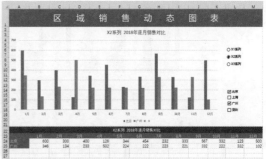

步骤 ⑦ 选择 O 列和 P 列，单击【数据】选项卡下【分级显示】组中【组合】下拉按钮，在弹出的下拉列表中选择【组合】选项，如左下图所示。

步骤 ⑧ 即可将 O 列和 P 列组合，单击其后的折叠按钮，将 O 列和 P 列折叠隐藏，如右下图所示。折叠后，单击展开按钮，即可显示 O 列和 P 列。

 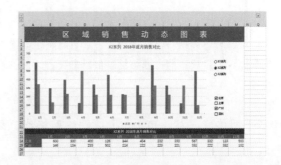

图表制作完成后，可以根据需要对图表进行美化，除了让图表看起来更美观外，还需要达到让数据系列显示更清晰的目的。具体操作步骤如下。

步骤 ❶ 选择图表标题文本框，根据需要为其添加艺术字样式，然后更改数据系列的颜色，效果如下图所示。

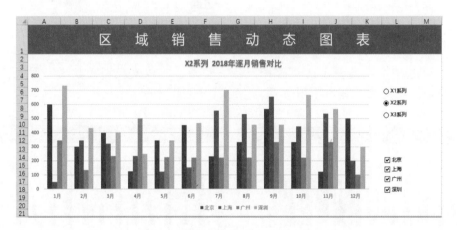

步骤 ❷ 选择任意数据系列并右击，选择【设置数据系列格式】选项，在【设置数据系列格式】窗格设置【系列重叠】为"–30%"，【间隙宽度】为"110%"，效果如下图所示。

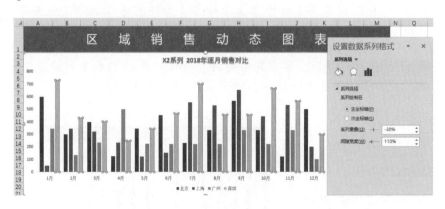

步骤 ❸ 选择水平网格线，按【Delete】键删除网格线，效果如下图所示。

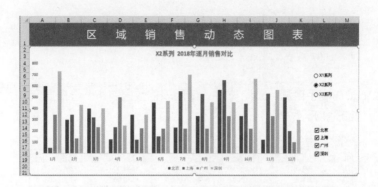

步骤 04 选择图表区，在【设置图表区】格式窗格中设置【填充】为"无填充"，效果如下图所示。

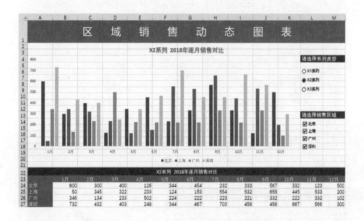

步骤 05 取消选中【视图】→【显示】→【网格线】复选框，取消工作表网格线的显示。至此，就完成了区域销售动态图表的制作，最终效果如下图所示。

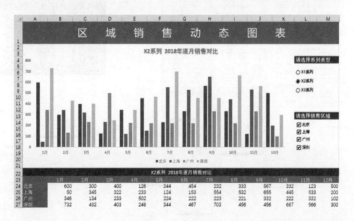

**高手自测** ——— 通过本章的学习，需要掌握动态交互图表的制作方法，扫描右侧的二维码，即可查看注意事项以及操作提示，最终结果可以参阅"结果\ch07\高手自测.xlsx"文档。

高手点拨

打开"素材 \ch07\ 高手自测 .xlsx"文件，使用表格数据制作一份根据产品类型展示各季度销售额的动态图表，如下图所示。

| | A | B | C | D | E |
|---|---|---|---|---|---|
| 1 | 种类 | 一季度 | 二季度 | 三季度 | 四季度 |
| 2 | 家用电器 | ¥700,000.0 | ¥960,000.0 | ¥580,000.0 | ¥890,000.0 |
| 3 | 零食系列 | ¥600,000.0 | ¥630,000.0 | ¥580,000.0 | ¥760,000.0 |
| 4 | 日用百货 | ¥620,000.0 | ¥700,000.0 | ¥520,000.0 | ¥600,000.0 |
| 5 | 蔬菜生鲜 | ¥530,000.0 | ¥405,000.0 | ¥580,000.0 | ¥800,000.0 |
| 6 | 服饰 | ¥300,000.0 | ¥320,000.0 | ¥350,000.0 | ¥500,000.0 |
| 7 | 妇婴用品 | ¥350,000.0 | ¥300,000.0 | ¥280,000.0 | ¥310,000.0 |
| 8 | 家居 | ¥260,000.0 | ¥250,000.0 | ¥230,000.0 | ¥340,000.0 |
| 9 | 体育用品 | ¥180,000.0 | ¥570,000.0 | ¥190,000.0 | ¥170,000.0 |
| 10 | 厨房用品 | ¥180,000.0 | ¥190,000.0 | ¥280,000.0 | ¥160,000.0 |
| 11 | 饮料 | ¥700,000.0 | ¥960,000.0 | ¥580,000.0 | ¥890,000.0 |
| 12 | 汽车用品 | ¥600,000.0 | ¥630,000.0 | ¥580,000.0 | ¥760,000.0 |
| 13 | 图书 | ¥620,000.0 | ¥700,000.0 | ¥520,000.0 | ¥600,000.0 |
| 14 | 音像制品 | ¥530,000.0 | ¥405,000.0 | ¥580,000.0 | ¥800,000.0 |
| 15 | 熟食 | ¥300,000.0 | ¥320,000.0 | ¥350,000.0 | ¥500,000.0 |
| 16 | 纯牛奶 | ¥350,000.0 | ¥300,000.0 | ¥280,000.0 | ¥310,000.0 |
| 17 | 家居用品 | ¥890,000.0 | ¥1,240,000.0 | ¥1,230,000.0 | ¥940,000.0 |
| 18 | 酒水 | ¥180,000.0 | ¥570,000.0 | ¥190,000.0 | ¥170,000.0 |
| 19 | 学习用品 | ¥24,000.0 | ¥48,000.0 | ¥17,000.0 | ¥19,000.0 |

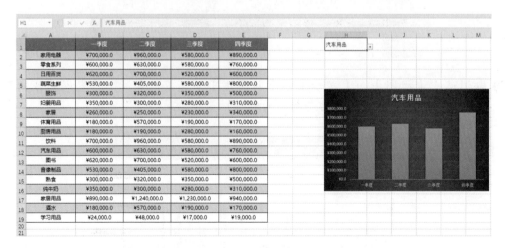

# 能力跃迁：让图表真正成为分析利器

Excel 提供了多种多样的图表制作功能。能充分利用这些功能，制作出有效图表，这是每一位制表人必须具备的技能。要让图表真正成为分析数据的利器，还需要考虑工作表的设计，函数、公式与VBA 的灵活运用，调研客户需求和选择怎样的表达方式才最有效等多方面因素。

## 8.1 从图表到分析的蜕变

随着科学的发展、时代的进步，信息技术在个人、企业乃至整个国家的成长过程中发挥越来越重要的作用。信息技术的主角就是数据，由数据可形成本书的主角——图表。

计算机最喜欢的就是像蝌蚪一样的数据，而人类却不然。每个人都更喜欢直观、生动的图表。

对于科学家来说，他们见到大量数据资料后还不觉得有什么不好，因为他们有专业的素质，会使用复杂的方法对这些数据进行分析，最后得出他们想要的结论。而对于普通人、企业老总或者各部门领导，他们有可能不具备这些技能，但需要从这些复杂的数据中找到有价值的信息，作为他们决策的依据。

从大量数据到形成直观的信息这一过程，就是各位制表人需要做的工作。当然，如果你还有能力实现从信息到决策的这一过程，恭喜你，你要升职了。

显然，如果想要完成从图表到分析的蜕变，仅仅会把数据变成图表，是远远不够的。在蜕变之前，你一定要有以下基本功。

（1）会把数据变成图表。

（2）会熟练设置各种各样图表，包括如何使图表更美观。

（3）懂得什么样的图表对表达什么样的数据最有利。

（4）明白动态图表的原理，会熟练使用控件及函数、公式和 VBA。

（5）熟识 Excel 的各个菜单、各个对话框乃至各个功能。

注意：不是你懂得这些就完成了从图表到分析的蜕变，而是只有你具备这些基础的技能，才有可能完成从图表到分析的蜕变。

那么，如何才能完成蜕变呢？我认为至少还需要以下几个方面的修炼。

（1）明确图表使用者的需求。

（2）做好全盘规划，特别是基础数据的准备。

（3）做好数据源。

（4）设计好人机交互界面，不仅仅是动态图表，任何有利于展示信息的手段都可以使用。

## 8.2 通用财务指标图表分析系统

Excel 图表在财务领域的应用最为广泛。这里选取"通用财务指标分析系统"作为例子来展示整个过程。本例相对较为简单，目的是让读者熟识制作动态图表的全部流程，熟悉各项操作。

打开"结果 \ch08\ 通用财务指标分析系统 .xlsx"工作簿，首先映入眼帘的是制作的图表，如下图所示。

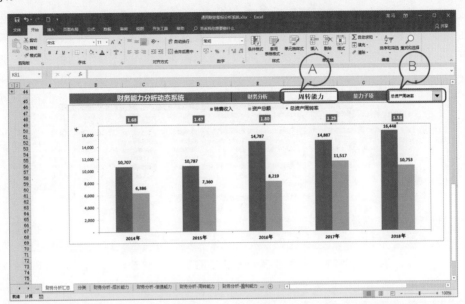

A 处为 1 级菜单位置，有 4 项 1 级菜单，对应的有 4、4、3、2 项 2 级菜单（B 处）。"通用财务指标图表分析系统"中数据间的关系可用下图表示。

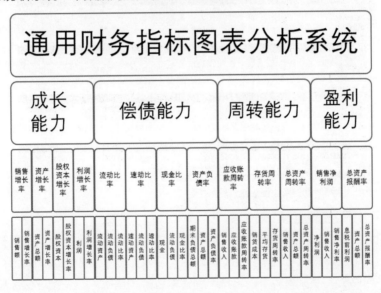

工作簿中包含的表格是从客户的财务管理软件中导出，然后经过整理导入 Excel 表格中的，主要有以下 4 个基础表。

（1）"财务分析 - 成长能力"工作表。

此工作表中包含销售增长率、资产增长率、股权资本增长率、利润增长率。这些数据是判断一个企业成长能力的关键。其中销售增长率包括销售额、销售增长率；资产增长率包括资产总额、资产增长率；股权资本增长率包括股权资本、股权资本增长率；利润增长率包括利润、利润增长率，如下图所示。

| | A | B | C | D | E | F | G |
|---|---|---|---|---|---|---|---|
| 1 | | 年份 | 2014年 | 2015年 | 2016年 | 2017年 | 2018年 |
| 2 | 销货增长率 | 销售额 | 10,787,400 | 10,987,400 | 14,787,400 | 14,887,400 | 16,447,856 |
| 3 | 销售增长率 | 销售增长率 | | 1.82% | 25.70% | 0.67% | 9.49% |
| 4 | 资产增长率 | 资产总额 | 6,385,900 | 7,360,400 | 8,219,200 | 11,516,700 | 10,752,900 |
| 5 | 资产增长率 | 资产增长率 | | 13.24% | 10.45% | 28.63% | -7.10% |
| 6 | 股权资本增长率 | 股权资本 | 3,674,700 | 4,384,900 | 5,109,000 | 4,480,200 | 5,272,000 |
| 7 | 股权资本增长率 | 股权资本增长率 | | 16.20% | 14.17% | -14.04% | 15.02% |
| 8 | 利润增长率 | 利润 | 945,600 | 1,245,700 | 1,383,800 | 1,118,300 | 2,068,100 |
| 9 | 利润增长率 | 利润增长率 | | 24.09% | 9.98% | -23.74% | 45.93% |
| 10 | | | | | | | |
| 11 | | | | | | | |
| 12 | | | | | | | |

（2）"财务分析 - 偿债能力"工作表。

此工作表中包含流动比率、速动比率、现金比率、资产负债率。这些数据是判断一个企业偿债能力的关键。其中流动比率包括流动资产、流动负债、流动比率；速动比率包括速动资产、流动负债、速动比率；现金比率包括现金、流动负债、现金比率；资产负债率包括期末负债总额、资产总额、资产负债率，如下图所示。

| | A | B | C | D | E | F |
|---|---|---|---|---|---|---|
| 1 | 1.流动比率 | | | | | |
| 2 | 年份 | 2014年 | 2015年 | 2016年 | 2017年 | 2018年 |
| 3 | 流动资产 | 2,756,400 | 3,794,900 | 4,199,600 | 5,471,400 | 4,168,700 |
| 4 | 流动负债 | 1,779,100 | 2,075,800 | 2,209,800 | 5,377,300 | 3,038,700 |
| 5 | 流动比率 | 1.55 | 1.83 | 1.90 | 1.02 | 1.37 |
| 6 | 2.速动比率 | | | | | |
| 7 | 年份 | 2014年 | 2015年 | 2016年 | 2017年 | 2018年 |
| 8 | 速动资产 | 1,752,400 | 2,437,200 | 2,522,900 | 3,795,200 | 2,474,800 |
| 9 | 流动负债 | 1,779,100 | 2,075,800 | 2,209,800 | 5,377,300 | 3,038,700 |
| 10 | 速动比率 | 0.98 | 1.17 | 1.14 | 0.71 | 0.81 |
| 11 | 3.现金比率 | | | | | |
| 12 | 年份 | 2014年 | 2015年 | 2016年 | 2017年 | 2018年 |
| 13 | 现金 | 1,449,700 | 2,050,700 | 2,037,000 | 3,233,800 | 1,843,800 |
| 14 | 流动负债 | 1,779,100 | 2,075,800 | 2,209,800 | 5,377,300 | 3,038,700 |
| 15 | 现金比率 | 0.81 | 0.99 | 0.92 | 0.60 | 0.61 |
| 16 | 4.资产负债率 | | | | | |
| 17 | 年份 | 2014年 | 2015年 | 2016年 | 2017年 | 2018年 |
| 18 | 期末负债总额 | 2,711,200 | 2,975,500 | 3,110,200 | 7,036,500 | 5,480,900 |
| 19 | 资产总额 | 6,385,900 | 7,360,400 | 8,219,200 | 11,516,700 | 10,752,900 |
| 20 | 资产负债率 | 0.42 | 0.40 | 0.38 | 0.61 | 0.51 |
| 21 | | | | | | |

（3）"财务分析 - 周转能力"工作表。

此工作表中包含应收账款周转率、存货周转率、总资产周转率。这些数据是判断一个企业周转能力的关键。其中应收账款周转率包括销售收入、应收账款、应收账款周转率；存货周转率包括销货成本、平均存货、存货周转率；总资产周转率包括销售收入、资产总额、总资产周转率，如下图所示。

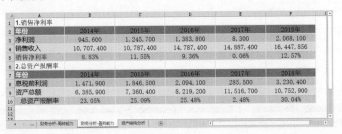

（4）"财务分析 - 盈利能力"工作表。

此工作表中包含销售净利率、总资产报酬率。这些数据是判断一个企业盈利能力的关键。其中销售净利率包括净利润、销售收入、销售净利率；总资产报酬率包括息税前利润、资产总额、总资产报酬率，如下图所示。

另外，"分类"工作表存放的是 1、2 级菜单项，"资产结构分析"工作表存储的是一些基础资产财务数据。

## 8.2.1 ▶ 调研客户需求

财务系统和 Excel 是好朋友。那作为制表人，也需要懂得一些财务方面的知识。否则你无法明白需求者的逻辑，也不知道该使用什么样的公式进行计算。

这个系统是某大型企业的副总要提供给老总看的。老总最关心的问题是现金，因为现金是企业的命脉。由于资金链断裂而导致企业倒闭的案例举不胜举。经过慎重考虑，决定从以下 4 个维度来展示企业资金情况，成长能力、偿债能力、周转能力和盈利能力。

## 8.2.2 ▶ 建立系统模型

在制作图表之前，首先要将整个系统模型建立起来，即要制作出什么样的图表来展示数据，以及图表制作的关键部分或其内在原理，需要据此搭建一个整体的框架模型。在本案例中要实现数据图表的联动，下图所示的是"通用财务指标分析系统"工作簿中的"财务分析汇总"工作表中的内容，即本案例要最终实现的图表效果。

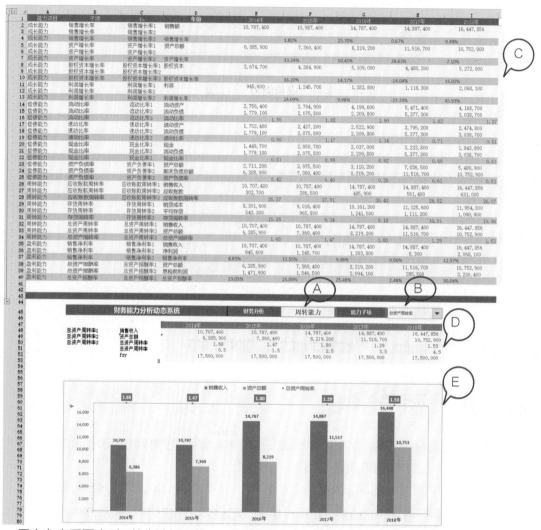

　　用户在查看图表时，首先选择 A 处（A 处是带数据验证的单元格），在其下拉列表中选择一项，B 处的内容随着 A 处内容的变化而变化（利用函数），同时 B 处的各项是 A 处的 2 级菜单，C 处是汇总基础数据多个表格形成的结果，D 处根据用户对 B 处的选择实时发生变化（函数），E 处的图表根据 D 处数据的变化实时生成动态图表。这样即可实现数据图表的联动。接下来就来看看这些联动效果是怎么制作出来的。

"能力子项"菜单项中包含成长能力、偿债能力、周转能力、盈利能力 4 项，对应的是 4 个基础表。此菜单其实是设计了一个带数据验证的单元格，只允许指定序列中的任一内容显示在单元格中，如下图所示。

设置"能力子项"菜单项的具体操作步骤如下。

**步骤 01** 首先选中"分类"工作表中的 A1:A4 单元格区域，单击【公式】选项卡下【定义的名称】选项组中的【定义名称】按钮，如左下图所示。

**步骤 02** 弹出【新建名称】对话框，在【名称】文本框中输入"财务分析"，单击【确定】按钮，如右下图所示。

**步骤 03** 即可完成定义名称的操作，使用同样的方法为其他单元格定义名称，这里就不再赘述了，读者可打开"结果 \ch08\ 通用财务指标分析系统 .xlsx"文件。单击【定义的名称】选项组中的【名称管理器】按钮，打开【名称管理器】对话框，即可显示全部定义的名称，如右图所示。

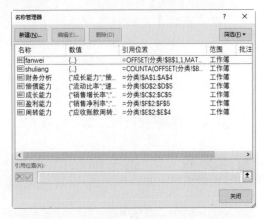

**提示：** 在定义 "fanwei" 和 "shuliang" 名称时，可以在【名称管理器】中定义。打开【名称管理器】对话框，单击【新建】按钮，弹出【新建名称】对话框，在【名称】文本框中输入要定义的名称（开头为字母或下画线），在【引用位置】文本框中输入要定义的公式，"shuliang" 名称引用位置中的公式为 "=COUNTA(OFFSET(分类!\$B\$1,0,MATCH(财务分析汇总!\$F\$45,分类!\$A\$1:\$A\$4,0),5,1))-1"，"fanwei"名称引用位置中的公式为"=OFFSET(分类!\$B\$1,1,MATCH(财务分析汇总!\$F\$45,分类!\$A\$1:\$A\$4,0),shuliang,1)"，单击【确定】按钮，即可完成函数的自定义。引用位置中公式的作用在8.2.4节会详细介绍，这里只需要输入公式完成名称定义即可。

**提示：** 在 "分类" 工作表中选中 A1:A4 单元格区域，在左上角的名称框中也可查看定义的名称，如下图所示。

**步骤 04** 返回 "财务分析汇总" 工作表，选中 F45 单元格，单击【数据】选项卡下【数据工具】选项组中的【数据验证】按钮，弹出【数据验证】对话框，选择【设置】选项卡，在【允许】下拉列表中选择【序列】选项，在【来源】文本框中输入 "= 财务分析"，单击【确定】按钮，如右图所示。

至此即可完成一级菜单，即 "能力子项" 的各菜单项。

## 8.2.4 二级菜单的做法

接下来制作二级菜单项，即一级菜单项的各项对应的子菜单项，下图所示为 "成长能力" 菜单项下对应的子菜单项——销售增长率、资产增长率、股权资本增长率和利润增长率，如下图所示。

此二级菜单项是一个控件，插入的是一个组合框，通过设置控件格式，来实现下拉菜单项及与一级菜单项的联动。具体操作步骤如下。

步骤 ⓵ 单击【开发工具】选项卡下【控件】选项组中的【插入】按钮，在弹出的下拉列表中选择【组合框（窗体控件）】控件，如左下图所示。

步骤 ⓶ 在 H45 单元格绘制一个组合框并右击，在弹出的快捷菜单中选择【设置控件格式】选项，如右下图所示。

**提示：**如果没有【开发工具】选项卡，可通过选择【文件】→【选项】→【自定义功能区】→【主选项卡】→【开发工具】选项，进行添加。

步骤 ⓷ 弹出【设置控件格式】对话框，选择【控制】选项卡，在【数据源区域】文本框中输入"fanwei"，在【单元格链接】文本框中输入"$C$53"，即 C53 单元格，如右图所示。

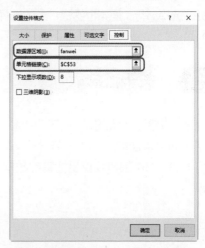

"fanwei"是在 8.2.3 节定义的名称，其引用位置是一个公式：

=OFFSET( 分类 !$B$1,1,MATCH( 财务分析汇总 !$F$45, 分类 !$A$1:$A$4,0),shuliang,1)

这个函数返回对单元格或单元格区域中指定行数和列数的区域的引用。此函数中还嵌套了 MATCH 函数及自定义名称"shuliang"。"fanwei"名称引用位置包含的公式的功能是根据 A 区用户选择的内容，找到对应的二级菜单项。

"fanwei"引用位置包含的公式是一个嵌套函数，需要分开来讲，先讲 MATCH 函数：

MATCH( 财务分析汇总 !$F$45, 分类 !$A$1:$A$4,0)

参数"财务分析汇总 !$F$45"表示一级菜单是什么；

参数"分类 !$A$1:$A$4"表示所有一级菜单的项目；

参数"0"表示完全相等才行。

MATCH 函数此时的功能是返回当前选中的一级菜单是第几个菜单。

"shuliang"名称引用位置包含的公式定义如下：

=COUNTA(OFFSET( 分类 !$B$1,0,MATCH( 财务分析汇总 !$F$45, 分类 !$A$1:$A$4,0),5,1)) － 1

其功能是返回当前选中的一级菜单有几个子菜单。

讲完两个嵌套函数，再来讲"fanwei"名称的引用位置中包含的公式：

=OFFSET( 分类 !$B$1,1,MATCH( 财务分析汇总 !$F$45, 分类 !$A$1:$A$4,0),shuliang,1)

OFFSET 的语法如下：

OFFSET(reference, rows, cols, [height], [width])

"fanwei"名称引用位置中包含公式的具体解释如下。

该函数返回的区域为从表格【分类】的 B1 单元格开始（第 1 个参数），向下移动 1 行（第 2 个参数），向右移动 $n$ 列（第 3 个参数，用户选择了第几个 1 级菜单就移动多少列），从这个单元格开始，选择 $x$ 行（第 4 个函数，当前选择的 1 级菜单下有几个 2 级菜单就选择几行）1 列（第 5 个参数）。

## 8.2.5 关于汇总表

汇总表即"财务分析汇总"工作表中的 A1:I40 单元格区域，汇总表是对"财务分析 - 成长能力""财务分析 - 偿债能力""财务分析 - 周转能力""财务分析 - 盈利能力"等几个工作表中的数据进行汇总，这个表格仅仅是把基础数据汇总到一起，便于函数访问而已，并未有其他目的，如下图所示。

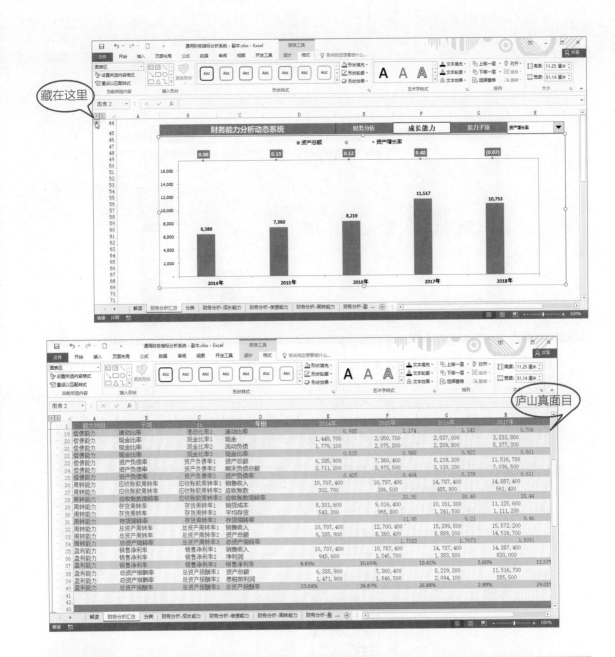

## 8.2.6 画图数据的制作

接下来看图表数据的制作，即下图中的 A 区、B 区和 C 区的数据。

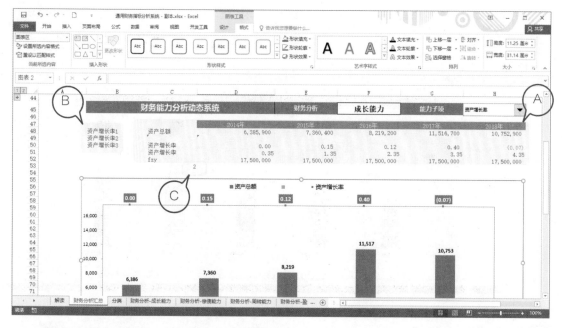

A 区域为图表数据区，为图表提供基础数据。

B 区为二级菜单的正文，还有序号，代表行数。

C 区为二级菜单当前选择的是第几个菜单。

B 区 B48 单元格的内容是一个公式：

=$H$45&1

也就是 H45 单元格的内容加上一个序号。而 H45 单元格正是二级菜单所在的地方。

接下来，介绍 A 区数据的生成。

A 区第一行，也就是表格的第 47 行的年份数据，是直接录入的。

A 区第一列，即 C 列的 5 行，如下图所示。

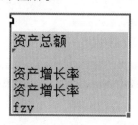

第 1 行，即 C47 单元格，是空行。

第 2 行，即 C48 单元格，是一个公式。

第 3 行，即 C49 单元格，也是一个公式，根据引用数据不同，可能是空的，也可能有数据。

最后一行是自己录入的数据，代表 Y 轴（后面再讲）。

下面着重讲解第 2 行和第 3 行数据的生成。

（1）第 2 行，即 C48 单元格的公式内容如下：

=INDEX($D$2:$D$40,MATCH($B48,$C$2:$C$40,0))

其返回值是"资产总额"。

意为要在 D2:D40（第 1 个参数）区域内找到第 4 行（参数 2）的值。而这一行代表的是用户选择的 2 级菜单需要的第一行数据。

再讲解该函数的 2 个主要参数。

参数 1：$D$2:$D$40，代表的是下图中选中的区域。

参数 2：MATCH($B48,$C$2:$C$40,0) 返回 4。

意思是在指定范围内（本函数第 2 个参数，C2:C40）第几行和 B48（本函数第 1 个参数）单元格的值相等。

（2）第 3 行，即 C49 单元格的公式内容如下：

=IF(INDEX($D$2:$D$40,MATCH($B49,$C$2:$C$40,0))=0,0,INDEX($D$2:$D$40,MATCH($B49,$C$2:$C$40,0)))

这个函数更为复杂，嵌套函数中还有嵌套。但只要一步步用心去看，不难看明白。学习的方法是，先看最里面的函数，然后一层层看到最外面的函数。

更加直观的方法是首先选中 C49 单元格，然后将输入点置于公式内部，系统就自动选中了该函数的作用区域，这样比较直观，而且有利于对函数的理解，如下图所示。

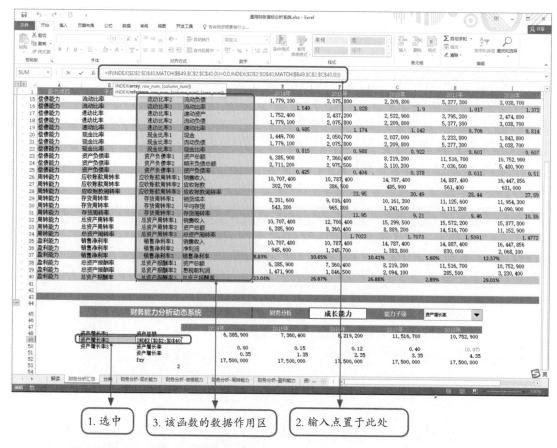

1. 选中    3. 该函数的数据作用区    2. 输入,点置于此处

我们把该函数的各个部分以表格形式进行展示。

| 函数部分 | 说明 |
|---|---|
| =IF( | IF 函数开始 |
| INDEX($D$2:$D$40,MATCH($B49,$C$2:$C$40,0))=0, | 第 1 个参数 |
| 0, | 第 2 个参数 |
| INDEX($D$2:$D$40,MATCH($B49,$C$2:$C$40,0)) | 第 3 个参数 |
| ) | 函数结束 |

本函数的意思是，如果没有找到数据，就返回 0，否则返回找到的内容。

返回 0 之后，通过单元格的设置，把 0 变成空单元格。具体操作如下。

右击 C49 单元格，在弹出的快捷菜单中选择【设置单元格格式】选项，弹出【设置单元格格式】对话框，选择【数字】选项卡，在【分类】列表中选择【自定义】选项，在右侧【类型】文本框中输入"[=0]"";G/ 通用格式"，单击【确定】按钮，如下图所示。

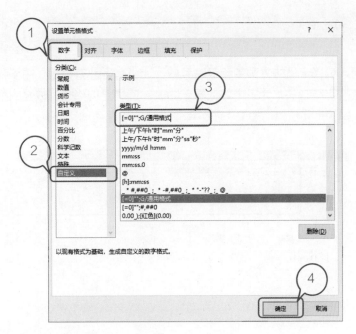

**提示：** 上图标注 3 的自定义类型，目的是让 0 变成空。

第 4 行，即 C50 单元格数据的生成原理同第 2 行。第 5 行的数据是手工录入的，如下图所示。

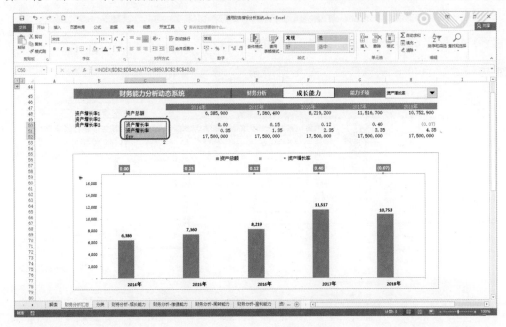

在画主图之前，选择合适的主菜单和级联菜单，让所有行都有数据（由于我们提供的数据是虚拟数据，有些数据可能缺失，为了更好地展示图表，还是要选择数据较全的菜单项），如下图所示。主菜单项选择的是【偿债能力】，子菜单项选择的是【速动比率】。

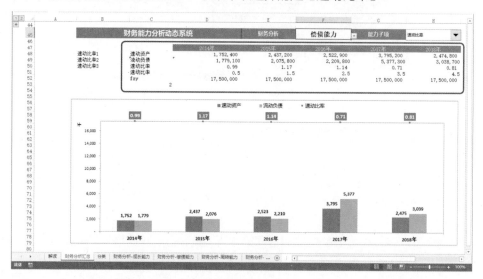

接下来介绍如何根据数据绘制图表，其操作步骤如下。

**步骤 01** 选择 C47:H49 单元格区域，如下图所示。

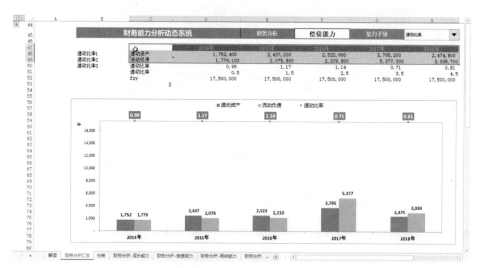

步骤 **02** 单击【插入】→【图表】→【二维柱形图】→【簇状柱形图】按钮，如左下图所示。

步骤 **03** 即可自动绘制如右下图所示的图表。

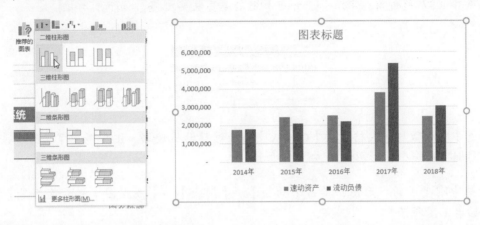

## 8.2.8 绘制辅图

如果 1 级菜单选择的是【偿债能力】，2 级菜单选择的是【速动比率】，那么这里需要画的图就是【速动比率】散点图。客户选择的菜单不同，这里绘制的图形也不同，但制作方法是相同的。速动比率图的目标是把下图数据做成图表。

| 速动比率 | 0.99 | 1.17 | 1.14 | 0.71 | 0.81 |
|---|---|---|---|---|---|
| 速动比率 | 0.5 | 1.5 | 2.5 | 3.5 | 4.5 |
| fzy | 17,500,000 | 17,500,000 | 17,500,000 | 17,500,000 | 17,500,000 |

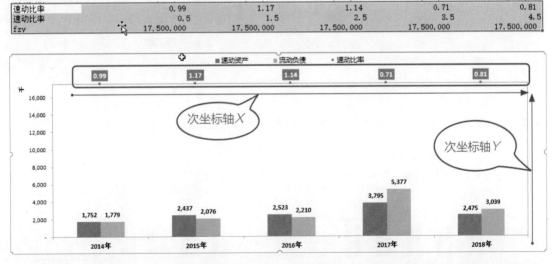

绘制思路：利用第 2 和第 3 行数据做成一条线，并等距打点（散点图），设置散点图的数据

标签为【速动比率】。

　　具体操作步骤如下。

步骤 01 选择 D52 单元格，并按【Ctrl+C】组合键复制单元格，如下图所示。

| 态系统 | 财务分析 |
| --- | --- |
| 2014年 | 2015年 |
| 1,752,400 | 2,437,200 |
| 1,779,100 | 2,075,800 |
| 0.99 | 1.17 |
| 0.5 | 1.5 |
| 17,500,000 | 17,500,000 |

步骤 02 选中刚才做好的表格，按【Ctrl+V】组合键粘贴该数据。图中多出了 1 个【系列 3】图例项和一个柱形图，如左下图所示。

步骤 03 选中刚生成的柱形图，单击【插入】→【图表】→【散点图】→【散点图】按钮，如右下图所示。

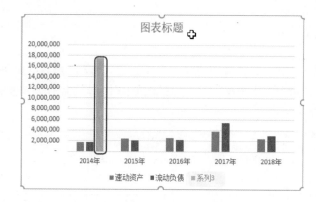

步骤 04 此时将会生成一个如左下图所示的点。

步骤 05 选中图表，并右击，在弹出的快捷菜单中选择【选择数据】选项，如右下图所示。

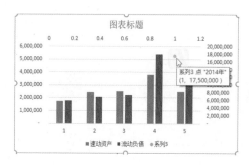

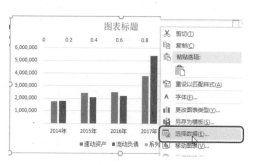

步骤 06 弹出【选择数据源】对话框，选择【系列3】图例项，单击【编辑】按钮，如左下图所示。

步骤 07 弹出【编辑数据系列】对话框，【系列名称】选择"财务分析汇总"工作表中的 C50 单元格或 C51 单元格，【X 轴系列值】选择"财务分析汇总"工作表中的 D51:H51 单元格区域，【Y 轴系列值】选择"财务分析汇总"工作表中的 D52:H52 单元格区域。单击【确定】按钮，如右下图所示。

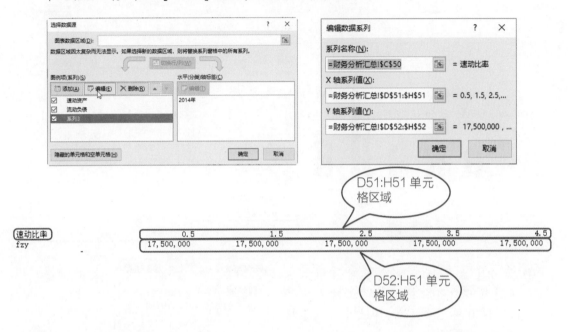

步骤 08 此时即会出现分布均匀的散点，并且系列名称也发生了改变，如左下图所示。

步骤 09 选择【速动比率】系列，并右击，在弹出的快捷菜单中选择【添加数据标签】→【添加数据标签】选项，如右下图所示。

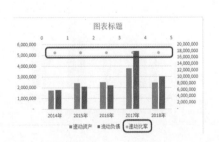
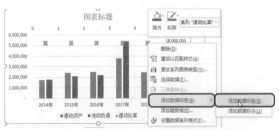

步骤 ⑩ 即可为【速动比率】系列添加数据标签，右击数据标签，在弹出的快捷菜单中选择【设置数据标签格式】选项，如左下图所示。

步骤 ⑪ 弹出【设置数据标签格式】任务窗格，选中【标签选项】选项区域下【标签包括】组中的【单元格中的值】复选框，如右下图所示。

步骤 ⑫ 弹出【数据标签区域】对话框，这里选择"财务分析汇总"工作表中的 D50:H50 单元格区域，单击【确定】按钮，如右图所示。

步骤 ⑬ 此时，真正的【速动比率】的值就显示在了数据标签内，如右图所示。

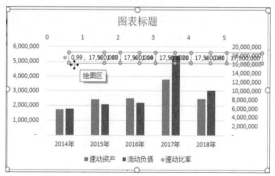

步骤 ⓮ 出现数字太多看不清的情况是因为系统默认显示了 Y 轴的内容。在【设置数据标签格式】任务窗格中取消选中【Y 值】复选框即可，如左下图所示。

步骤 ⓯ 至此，即可完成散点图的制作，如右下图所示。

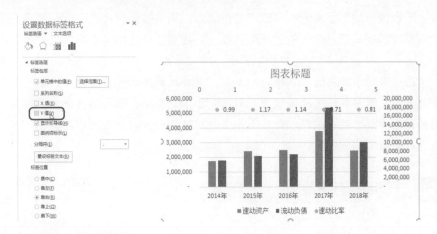

接下来仅需要设置以下内容。

（1）使主坐标的 Y 轴的刻度与次坐标的 Y 轴刻度一致。

（2）调整图表标题。

（3）调整图例显示位置。

（4）调整柱形图颜色。

（5）隐藏次坐标 X 轴与 Y 轴。

（6）调整散点图的颜色。

（7）调整散点图数据标签位置、填充与字体等参数。

（8）调整图表位置。

最后结果如下图所示。

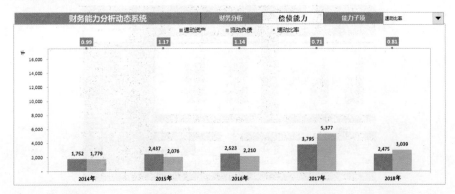

# 8.3 制造业生产能效与品质图表分析系统概述

制造业生产能效与品质图表分析系统主要是通过应用数据信息资源可视化图表分析，快速剖析出制造企业整体、各车间及个人的生产能效情况，提高企业内部的信息沟通效率、生产品质与管理能效。

**提示：** 本系统来源于真实的正在使用的系统，并对该系统进行了功能上的调整及数据的虚拟操作。在工作表中，有些数据可能不被图表引用，但依然罗列出来，以方便以后的功能扩充。请大家在学习的过程中注意这个问题。此外，本系统所使用的数据全部为虚拟数据，有些甚至使用了随机函数进行虚拟。

## 8.3.1 调研客户需求

通过调研，制造业生产能效与品质图表分析系统需要达到以下要求。

### 1 整体情况分析

（1）能够通过选择月份查看整个企业生产部门的整体情况。

（2）显示整个企业不同月份的小时工作量或单位时间工作量、单位小时人均产出及同期增跌情况。

（3）以图表的形式显示近两年同期的工时对比（投入工时和实际工时的对比）、产能对比（计划产能和实际产出的对比）情况。

（4）显示近两年同期不良品合计、事故单数量、客诉次数的数量及变动情况。

整体情况如下图所示。

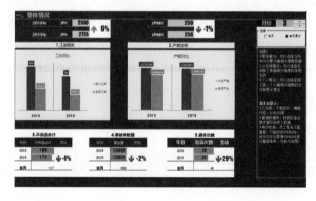

## 2　分车间情况分析

（1）能够通过选择不同车间、不同工序、不同月份动态查看分车间情况。

（2）动态查看分车间近两年不同月份的小时工作量或单位时间工作量对比情况。

（3）动态查看分车间近两年不同月份的单位小时人均产出对比情况。

（4）查看各车间的产能情况。

（5）显示各车间近两年每个月的不良品合计、事故单数量、客诉次数的数量及变动情况。

分车间情况如下图所示。

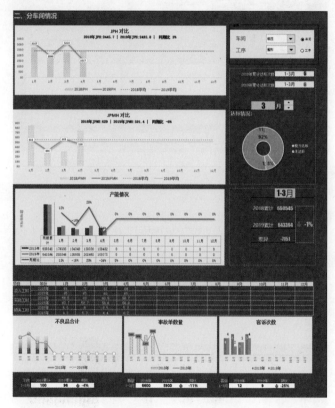

## 3　个人业绩分析

（1）能够通过不同车间、不同工序选择出单个员工查看个人业绩情况。

（2）能够查看所选员工近两年每个月的个人产能对比情况。

（3）能够查看所选员工近两年所选月份的累计产能及达标次数。

（4）查看所选员工近两年每个月的投入工时、实际工时和损失工时情况。

（5）显示所选员工近两年每个月的不良品合计、事故单数量、客诉次数的数量及变动情况。

个人业绩如下图所示。

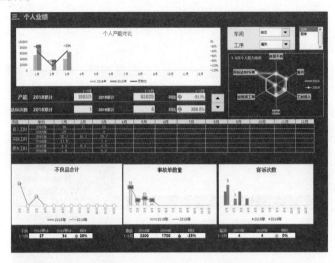

此外，在制造业生产能效与品质图表分析系统中还要求做到以下两点。

（1）柱形图、折线图、饼图组合图要清晰，最好能突出显示最高值和最低值。

（2）生产日报表基础表最少要能输入两年的数据。

## 8.3.2 建立系统模型

了解用户需求后，就需要系统制作人员建立系统模型，可以从现状、分析、构思及修订几方面建立系统模型，如下图所示。

# 8.4 制造业生产能效与品质图表分析系统数据准备

此表格是某制造业企业产能品质效率明细表。该数据通常由企业提供，可以从企业使用的生产管理软件的数据中提取出来。但需要注意的是，直接从企业管理软件中提取的数据通常包含十几个甚至更多个表格。

表格数量过多，在不同表格间相互调用数据容易出错，并且不易理解。这里，根据客户需求及对系统建模的分析，可以将原始数据进行整理，从而得到基础数据表，便于函数对数据的访问。下图所示为整理后的基础数据表。

手动录入　自动计算　选择录入

明决产能品质效率明细表

| 日期 | 工单 | 订单数量 | 型号 | 部门 | 工序 | 操作人 | 正常工时（H/天） | 加班工时（H） | 每天投入总工时（H/天） | 标准人力 | 单位小时标准产能（张/H） | 产能单位 | 计划产能（张/天） | 实际生产工时 | 实际产量 | 达成率 | 未达成原因 | 损失工时(H) | 设备调试（H） | 事故单数量 |
|---|---|---|---|---|---|---|---|---|---|---|---|---|---|---|---|---|---|---|---|---|
| 2018年1月23日 | TC273389 | 500000 | IY | 锻压 | 整形 | 刘平 | 8 | 1 | 9 | 2 | 1103 | 张 | 9927 | 7.5 | 7247 | 73% | | 1.5 | 0 | 200 |
| 2018年1月23日 | TC272162 | 500000 | OW | 锻压 | 冲孔 | 晓峰 | 8 | 3 | 11 | 1 | 2469 | 张 | 27159 | 10.4 | 20641 | 76% | | 0.6 | 0 | 200 |
| 2018年1月23日 | TC272163 | 500000 | IY | 锻压 | 冲孔 | 晓峰 | 8 | 2 | 10 | 1 | 1220 | 张 | 12200 | 9.6 | 9516 | 78% | | 0.4 | 0 | 100 |
| 2018年1月23日 | TC272164 | 20000 | CROSS芯片 | 锻压 | 整形 | 刘平 | 8 | 2 | 10 | 2 | 3919 | 张 | 39190 | 8.7 | 27825 | 71% | | 1.3 | 1.5 | 300 |
| 2018年1月23日 | TC272165 | 20000 | WORL | 锻压 | 整形 | 刘平 | 8 | 1 | 9 | 2 | 1452 | 张 | 13068 | 8.2 | 9409 | 72% | | 0.8 | 0 | 200 |
| 2018年1月23日 | TC272166 | 2000 | WORL | 锻压 | 圆角 | 杨仲东 | 8 | 1 | 9 | 1 | 1538 | 张 | 13842 | 7.5 | 12596 | 91% | | 1.5 | 0.5 | 300 |
| 2018年1月23日 | TC272167 | 500000 | WORL | 锻压 | 整形 | 刘平 | 8 | 0 | 8 | 1 | 4678 | 张 | 37424 | 6.9 | 28068 | 75% | | 1.1 | 1.5 | 100 |
| 2018年1月23日 | TC272168 | 700000 | WORL | 热处理 | 调质 | 艳秋 | 8 | 0 | 8 | 1 | 1374 | 张 | 10992 | 7.5 | 10772 | 98% | | 0.5 | 0 | 200 |
| 2018年1月23日 | TC272169 | 500000 | WORL | 数控 | 普通数控 | 董明 | 8 | 3 | 11 | 1 | 1905 | 张 | 20955 | 9.9 | 20955 | 100% | | 1.1 | 0 | 400 |
| 2018年1月23日 | TC272170 | 200000 | WORL | 热处理 | 调质 | 顾萍 | 8 | 3 | 11 | 2 | 4422 | 张 | 48642 | 9.7 | 43291 | 89% | | 1.3 | 0 | 200 |
| 2018年1月23日 | TC272171 | 500000 | GO | 热处理 | 正火 | 郁红 | 8 | 1 | 9 | 2 | 1247 | 张 | 11223 | 8.5 | 10662 | 95% | | 0.5 | 0 | 100 |
| 2018年1月23日 | TC272172 | 800000 | JP | 热处理 | 调质 | 顾萍 | 8 | 1 | 9 | 2 | 4137 | 张 | 37233 | 8.1 | 26063 | 70% | | 0.9 | 0.5 | 300 |
| 2018年1月23日 | TC272173 | 500000 | SA | 数控 | 普通数控 | 董明 | 8 | 3 | 11 | 1 | 3684 | 张 | 40524 | 10 | 30798 | 76% | | 1 | 0.5 | 300 |
| 2018年1月23日 | TC272174 | 200000 | GUNZE | 热处理 | 正火 | 钱秋亚 | 8 | 2 | 10 | 2 | 1489 | 张 | 14890 | 8.7 | 13401 | 90% | | 1.3 | 1 | 100 |
| 2019年1月23日 | TC273389 | 500000 | IY | 锻压 | 整形 | 刘平 | 8 | 0 | 8 | 2 | 3706 | 张 | 29648 | 7.8 | 20754 | 70% | | 0.2 | 0.5 | 500 |
| 2019年1月23日 | TC272162 | 500000 | OW | 锻压 | 冲孔 | 王海敏 | 8 | 3 | 11 | 1 | 2409 | 张 | 26499 | 11 | 23054 | 87% | | 0 | 0 | 300 |

解读　汇总　基础数据表　有效性

# 8.5 【整体情况】板块

完成数据准备后，就可以开始制作整体情况分析区域，该区域主要包括月份选择按钮、类型选项按钮、JPH、JPMH 显示区域、工时损失图表、产能达标图表、不良品合计、事故单数量、客诉次数图表等。

【月份】按钮主要用于选择月份,图表会根据选择的月份自动更新,便于查看不同月份的数据,如下图所示。

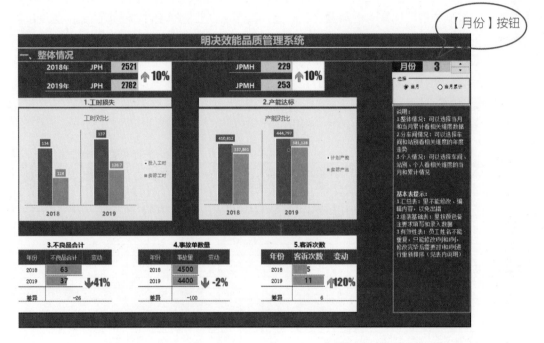

单击【开发工具】→【插入】→【表单控件】→【数值调节钮】按钮,在 O3 单元格绘制控件按钮,然后在该按钮上右击,选择【设置控件格式】选项,在【设置控件格式】对话框中进行设置即可,如右图所示。

【当前值】就是当前数值调节按钮显示的默认值。

【最小值】是指数值调节按钮最小显示的值。如果调整到了最小值，就不能再向上调整为更小。这里设置为 1，表示 1 月份。

【最大值】是指数值调节按钮最大显示的值。如果调整到了最大值，就不能再向下调整为更大。这里设置为 12，表示 1 年 12 个月。

【单元格链接】指的是数值调节钮调节的数字显示的位置，这里是 N3 单元格，效果如下图所示。

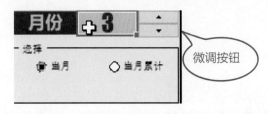

## 8.5.2　【选项按钮】

【选项按钮】区域主要用于选择【整体情况】区域图表中显示当月数据或者当月累计数据，如下图所示。

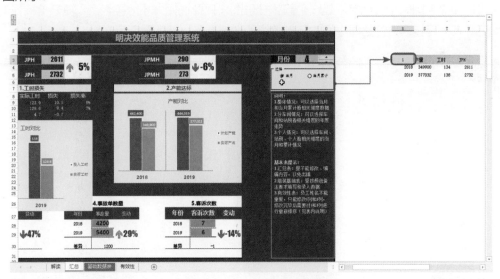

【选项按钮】的插入方法和【月份】按钮的插入方法相同，只需要选择【选项按钮】控件并绘制两个按钮并分别设置即可。其参数设置如下图所示。

当用户选择了【当月】按钮，系统会在 R3 单元格显示 "1"；当用户选择了【当月累计】按钮，系统会在 R3 单元格显示 "2"；之后函数可以访问 R3 单元格的内容以判断用户选择了什么。

### 8.5.3 【工时损失】图表

【工时损失】图表比较简单，是一个簇状柱形图，只要选择好【分类】（X 轴）【系列】（Y 轴）即可。有一定技巧性的是图中间的那条黄线和数据标签，如下图所示。

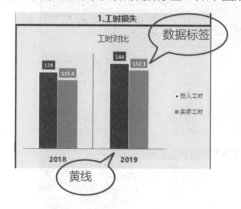

#### 1 主图数据

选中主图表并移开，即可看到图表数据。用图表覆盖主图数据，可以仅显示图表，不仅节省图表区域控件，看起来也更专业，如下图所示。

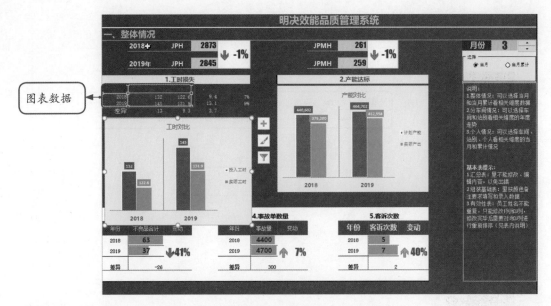

选中第一行数据，看似空行，其实是隐藏了标题，将字体颜色设置为白色，即可显示隐藏的标题文字，查看其他图表区域的数据可以使用同样的方法，如下图所示。

| 1.工时损失 | | | | |
|---|---|---|---|---|
| 年份 | 投入工时 | 实际工时 | 损失 | 损失率 |
| 2018 | 134 | 123.3 | 10.7 | 8% |
| 2019 | 136 | 123.9 | 12.1 | 9% |
| 差异 | 2 | 0.6 | 1.4 | |

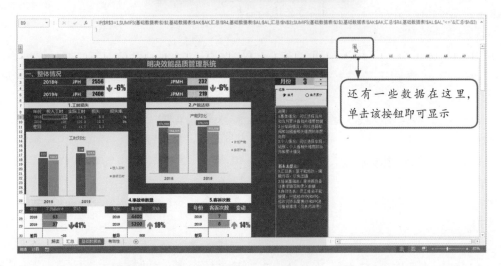

还有一些数据在这里，单击该按钮即可显示

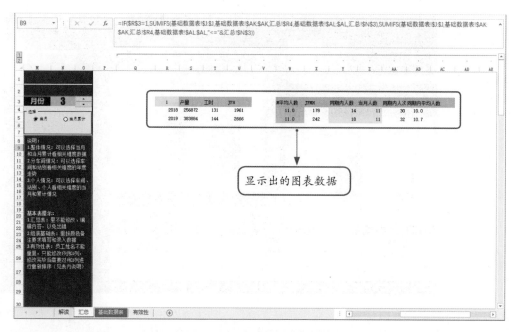

下面来解析主图数据，选择 B9 单元格，在编辑栏可以看到显示为一个公式：

=IF($R$3=1,SUMIFS( 基础数据表 !$J:$J, 基础数据表 !$AK:$AK, 汇总 !$R4, 基础数据表 !$AL:$AL, 汇总 !$N$3),SUMIFS( 基础数据表 !$J:$J, 基础数据表 !$AK:$AK, 汇总 !$R4, 基础数据表 !$AL:$AL,"<="& 汇总 !$N$3))

这个公式看起来比较复杂。下面来逐步进行分析。

=IF(

$R$3=1,

SUMIFS( 基础数据表 !$J:$J, 基础数据表 !$AK:$AK, 汇总 !$R4, 基础数据表 !$AL:$AL, 汇总 !$N$3),

SUMIFS( 基础数据表 !$J:$J, 基础数据表 !$AK:$AK, 汇总 !$R4, 基础数据表 !$AL:$AL,"<="& 汇总 !$N$3))

这样写是不是就稍微清晰一点，下面再简写一下：

=IF(

$R$3=1,

当月 ,

当月累计 )

其中，计算"当月"部分公式为 =SUMIFS( 基础数据表 !$J:$J, 基础数据表 !$AK:$AK, 汇总 !$R4,

基础数据表 !$AL:$AL, 汇总 !$N$3)。

计算“当月累计”部分公式为 = SUMIFS( 基础数据表 !$J:$J, 基础数据表 !$AK:$AK, 汇总 !$R4, 基础数据表 !$AL:$AL,"<="& 汇总 !$N$3)。

这样写就很清晰了。“当月”和“当月累计”可以看作自定义公式。

“当月”用到了 SUMIFS 函数，从“SUM”字样可以看出它是一个求和函数，从“IF”字样可以看出它是个条件求和函数，从“S”字样可以看出它是求多个条件的函数。此函数是要得到基础数据表中满足条件的 J 列（第 1 个参数）的和。条件 1：基础数据表的 AK 列的值（参数 2，实为“年”栏）等于汇总表的 R4 单元格（参数 3）的内容（本例指的是只有 2018 年的数据才求和）。条件 2：基础数据表的 AL 列的值（参数 4，实为“月”栏）等于汇总表的 N3 单元格（参数 5）的内容（本例指的是只有 3 月的数据才求和）。

“当月累计”也用到了 SUMIFS 函数，和“当月”函数不同的是最后一个参数，就是第 2 个条件，凡是月份小于等于 3 的均求和。这样得到的结果就是截止某年某月之前的当月累计。

解释完“当月”和“当月累计”自定义公式，

=IF(

$R$3=1,

当月 ,

当月累计 )

这个公式的意思就很明了。如果 R3 单元格的内容是 1，就显示自定义公式“当月”的内容，否则显示自定义函数“当月累计”的内容。完美实现用户选择【选项按钮】后数据的响应。

再看 C9 单元格，如下图所示，也是一个公式，基本和 B9 单元格相同，只是计算的是 O 列（实际生产工时）。

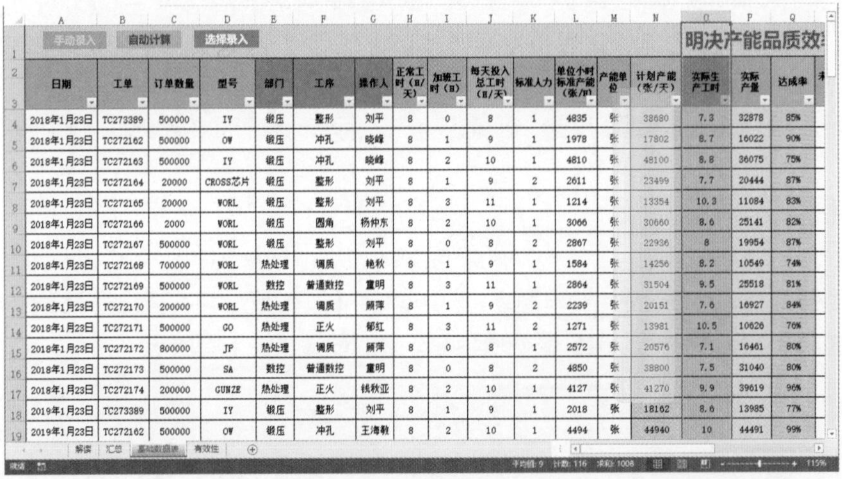


| 日期 | 工单 | 订单数量 | 型号 | 部门 | 工序 | 操作人 | 正常工时（H/天） | 加班工时（H） | 每天投入总工时（H/天） | 标准人力 | 单位小时标准产能（张/H） | 产能单位 | 计划产能（张/天） | 实际生产工时 | 实际产量 | 达成率 |
|---|---|---|---|---|---|---|---|---|---|---|---|---|---|---|---|---|
| 2018年1月23日 | TC273389 | 500000 | IY | 锻压 | 整形 | 刘平 | 8 | 0 | 8 | 1 | 4835 | 张 | 38680 | 7.3 | 32878 | 85% |
| 2018年1月23日 | TC272162 | 500000 | OW | 锻压 | 冲孔 | 晓峰 | 8 | 1 | 9 | 1 | 1978 | 张 | 17802 | 8.7 | 16022 | 90% |
| 2018年1月23日 | TC272163 | 500000 | IY | 锻压 | 冲孔 | 晓峰 | 8 | 2 | 10 | 1 | 4810 | 张 | 48100 | 8.8 | 36075 | 75% |
| 2018年1月23日 | TC272164 | 20000 | CROSS芯片 | 锻压 | 整形 | 刘平 | 8 | 1 | 9 | 2 | 2611 | 张 | 23499 | 7.7 | 20444 | 87% |
| 2018年1月23日 | TC272165 | 20000 | WORL | 锻压 | 整形 | 刘平 | 8 | 3 | 11 | 1 | 1214 | 张 | 13354 | 10.3 | 11084 | 83% |
| 2018年1月23日 | TC272166 | 2000 | WORL | 锻压 | 圆角 | 杨仲东 | 8 | 2 | 10 | 1 | 3066 | 张 | 30660 | 8.6 | 25141 | 82% |
| 2018年1月23日 | TC272167 | 500000 | WORL | 锻压 | 整形 | 刘平 | 8 | 0 | 8 | 2 | 2867 | 张 | 22936 | 8 | 19954 | 87% |
| 2018年1月23日 | TC272168 | 700000 | WORL | 热处理 | 调质 | 艳秋 | 8 | 1 | 9 | 1 | 1584 | 张 | 14256 | 8.2 | 10549 | 74% |
| 2018年1月23日 | TC272169 | 500000 | WORL | 数控 | 普通数控 | 董明 | 8 | 3 | 11 | 1 | 2864 | 张 | 31504 | 9.5 | 25518 | 81% |
| 2018年1月23日 | TC272170 | 200000 | WORL | 热处理 | 调质 | 顾萍 | 8 | 1 | 9 | 2 | 2239 | 张 | 20151 | 7.6 | 16927 | 84% |
| 2018年1月23日 | TC272171 | 500000 | GO | 热处理 | 正火 | 郁红 | 8 | 3 | 11 | 2 | 1271 | 张 | 13981 | 10.5 | 10626 | 76% |
| 2018年1月23日 | TC272172 | 800000 | JP | 热处理 | 调质 | 顾萍 | 8 | 0 | 8 | 1 | 2572 | 张 | 20576 | 7.1 | 16461 | 80% |
| 2018年1月23日 | TC272173 | 500000 | SA | 数控 | 普通数控 | 董明 | 8 | 0 | 8 | 2 | 4850 | 张 | 38800 | 7.5 | 31040 | 80% |
| 2018年1月23日 | TC272174 | 200000 | GUNZE | 热处理 | 正火 | 钱秋亚 | 8 | 2 | 10 | 1 | 4127 | 张 | 41270 | 9.9 | 39619 | 96% |
| 2019年1月23日 | TC273389 | 500000 | IY | 锻压 | 整形 | 刘平 | 8 | 1 | 9 | 1 | 2018 | 张 | 18162 | 8.6 | 13985 | 77% |
| 2019年1月23日 | TC272162 | 500000 | OW | 锻压 | 冲孔 | 王海敏 | 8 | 2 | 10 | 1 | 4494 | 张 | 44940 | 10 | 44491 | 99% |

其公式如下：

=IF($R$3=1,SUMIFS( 基 础 数 据 表 !$O:$O, 基 础 数 据 表 !$AK:$AK, 汇总 !$R4, 基 础 数 据表 !$AL:$AL, 汇总 !$N$3),SUMIFS( 基 础 数 据 表 !$O:$O, 基础数据表 !$AK:$AK, 汇总 !$R4, 基础数据表 !$AL:$AL,"<="& 汇总 !$N$3))

**提示：** 公式可能比较长，需要按下拉按钮才能看到全部公式，如下图所示。

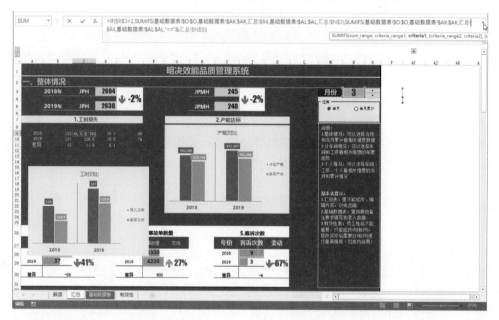

B10 单元格的内容，和 B9 单元格基本一致，仅仅是把求和计算条件换成了 2019 年，公式如下：

=IF($R$3=1,SUMIFS( 基 础 数 据 表 !$J:$J, 基 础 数 据 表 !$AK:$AK, 汇总 !$R5, 基 础 数 据表 !$AL:$AL, 汇总 !$N$3),SUMIFS( 基 础数据表 !$J:$J, 基础数据表 !$AK:$AK, 汇总 !$R5, 基础数据表 !$AL:$AL,"<="& 汇总 !$N$3))

其他单元格公式也基本相同。在这个区域还有一些简单计算形成的单元格，这里就不再赘述了。

## ② 画主图

准备好数据之后，就可以开始制作图表。选中素材中做好的图，并右击，选择【选择数据】选项，在【选择数据源】对话框中可以看到图例项和轴标签的设置，如下图所示。

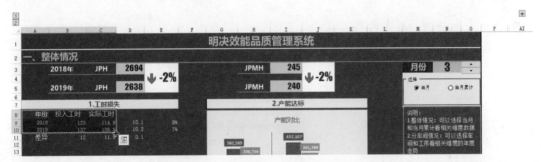

具体操作步骤如下。

**步骤 01** 选择 A8:C10 区域,如下图所示。

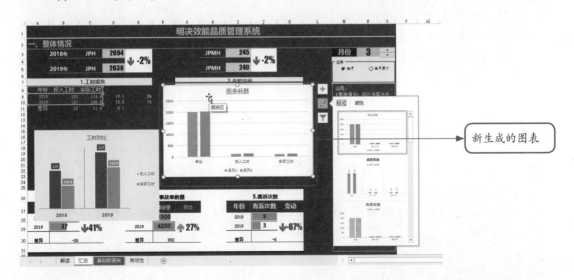

**步骤 02** 单击【插入】→【图表】→【二维柱形图】→【簇状柱形图】按钮,插入簇状柱形图,如下图所示。

步骤 **03** 选中插入的图表并右击，选择【选择数据】选项，在【选择数据源】对话框中可以看到当前图表的图例项和轴标签的设置。和想要的图表相比，基本只是参数设置问题，如右图所示。

步骤 **04** 单击【切换行/列】按钮，将图表行列互换，如右图所示。

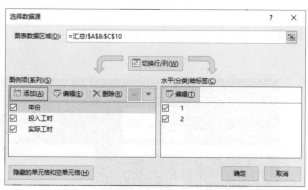

步骤 **05** 选择【图例项】中的【年份】选项，单击【删除】按钮，把此系列删除，单击【水平（分类）轴标签】下的【编辑】按钮，如右图所示。

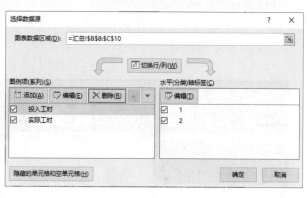

步骤 **06** 打开【轴标签】对话框，在【轴标签区域】选择 A9:A10 单元格区域，单击【确定】按钮，如右图所示。

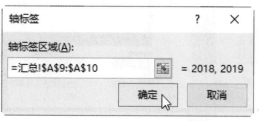

步骤 07 返回【选择数据源】对话框，此时，即可看到【选择数据源】对话框中的设置与想要的图表设置已经相同，单击【确定】按钮，如右图所示。

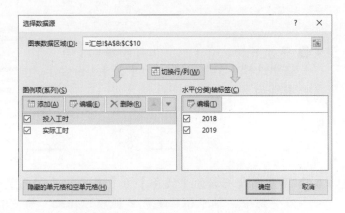

步骤 08 此时两个图表已经大致相同，只是一些辅助参数设置有差异，如下图所示。

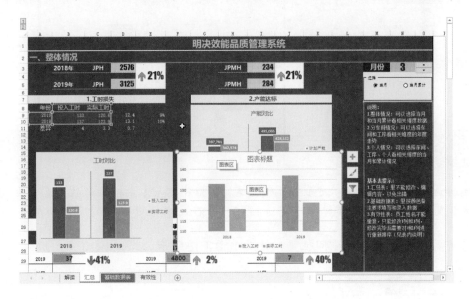

## 3 竖线的制作

下面介绍中间那条竖线的制作及数据标签的制作。

竖线其实是图表的 Y 轴，只是将其移到了中间而已。主要分为两步来完成，第一步是设置 Y 轴为一条竖线，第二步是设置 X 轴与 Y 轴交叉。

第 1 步：设置 Y 轴为一条竖线。

**步骤 01** 双击 $Y$ 轴，在【设置坐标轴格式】窗格中选择【标签位置】为【无】，如右图所示。

**步骤 02** 设置 $Y$ 坐标轴的【线条】为【实线】，【颜色】设置为【黄色】。选中图表中的网格线并删除。即可看到设置 $Y$ 轴后的效果，如下图所示。

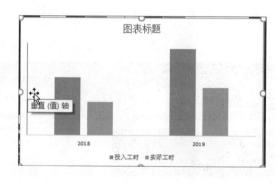

第 2 步：设置 $X$ 轴与 $Y$ 轴交叉。

**步骤 01** 选择 $X$ 轴并双击，在【设置坐标轴格式】窗格中选中【坐标轴选项】选项区域下【纵坐标交叉】组中【分类编号】单选按钮，并在文本框中输入"2"，如左下图所示。

**步骤 02** 即可将 $Y$ 轴竖线移到中间位置，效果如右下图所示。

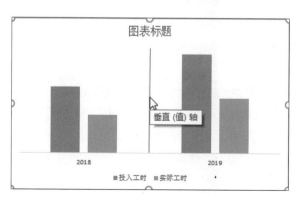

## 4 数据标签的制作

选择需要添加数据标签的柱形图图例并右击，在弹出的快捷菜单中选择【添加数据标签】→【添加数据标签】选项，这样数据标签就显现了出来，如下图所示。

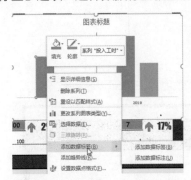 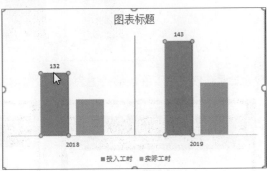

另一系列添加数据标签的方法与此方法相同。

## 5 调整其他次要因素

在数据标签上右击，在弹出的快捷菜单中选择【设置数据标签格式】选项，打开【设置数据标签格式】窗格，设置数据标签格式。最后调整图表的标题、颜色、系列的放置位置等参数即可，如下图所示。

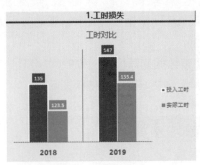

## 8.5.4 【产能达标】图表

【产能达标】图表与【工时损失】图表类似，只是数据不同，【产能达标】图表效果如下图所示。

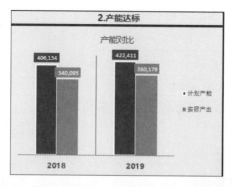

作图数据隐藏在该图表下面，移开图表，并设置字体颜色为白色即可看到数据。

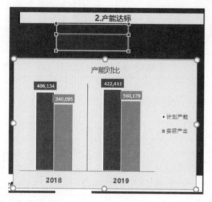 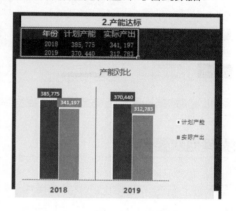

H9 单元格的公式为：

=IF($R$3=1,SUMIFS( 基 础 数 据 表 !$N:$N, 基 础 数 据 表 !$AK:$AK, 汇总 !$R4, 基 础 数 据
表 !$AL:$AL, 汇总 !$N$3),SUMIFS( 基础数据表 !$N:$N, 基础数据表 !$AK:$AK, 汇总 !$R4, 基础数
据表 !$AL:$AL,"<="& 汇总 !$N$3))

这个公式和【工时损失】图表数据的原理是一样的，只是计算的列不同。这里不再赘述，最
后选中 G8:I10 单元格区域，按照上例的步骤绘制柱状图即可。

### 8.5.5 ▶ 【不良品合计】图表

【不良品合计】图表实际上并不是一个图表，仅仅是把单元格进行了美化，看起来像图表而
已。图表是个工具，是为了更好地展示给人看。而下图所示的这个假的图表美观大方，表意明确，
不必斤斤计较它是不是图表。

下面来分析这个假图表使用到的主要技术：复杂公式、简单计算和条件格式，如下图所示。

# 1 复杂公式

B28 单元格和 B29 单元格都使用了复杂公式。它们之间仅仅是年份的变化，其原理是一样的。下面就以 B28 单元格为例进行讲解。

B28=IF($R$3=1,SUMIFS(基础数据表 !$AH:$AH, 基础数据表 !$AK:$AK, 汇总 !$R4, 基础数据表 !$AL:$AL, 汇总 !$N$3),SUMIFS(基础数据表 !$AH:$AH, 基础数据表 !$AK:$AK, 汇总 !$R4, 基础数据表 !$AL:$AL,"<="& 汇总 !$N$3))

这个公式和 B9 单元格的公式非常相似。

B9=IF($R$3=1,SUMIFS(基础数据表 !$J:$J, 基础数据表 !$AK:$AK, 汇总 !$R4, 基础数据表 !$AL:$AL, 汇总 !$N$3),SUMIFS(基础数据表 !$J:$J, 基础数据表 !$AK:$AK, 汇总 !$R4, 基础数据表 !$AL:$AL,"<="& 汇总 !$N$3))

仅仅是标出区域不同而已。【基础数据表】的 AH 列是【不良品合计】列，J 列是【每天投入总工时】列。也就是说，这两个公式道理相同，只不过一个计算的是不良品合计，另一个计算的是每天投入的总工时。

B30 单元格是一个简单的计算。

B30=B29 － B28

只是用 B29 单元格的内容减去 B28 单元格的内容，没有更深的意义。

C28 单元格是一个合并的单元格。其公式如下：

C28=IFERROR(B30/B28,0)

IFERROR 函数的意思是，如果 B30/B28 没有问题，就直接显示结果，如果有问题，则显示条件格式。

这里用到了两种条件格式。第一个是 B28 单元格和 B29 单元格的【数据条】条件格式，第二个是 C28 单元格的自定义格式规则的条件格式。

先介绍【数据条】条件格式。B28 单元格和 B29 单元格除了显示公式计算出的数据之外，还用橙色数据条直观地表示了数据的大小，如下图所示。这是如何做到的？

选择 B28 单元格和 B29 单元格（或者把 B28 单元格和 B29 单元格的公式复制到任何两个单元格中，然后选择这两个单元格，下同），选择【开始】→【样式】→【条件格式】→【数据条】→【实心填充】→【橙色数据条】选项，即可完成条件格式的设置。B28 单元格和 B29 单元格的数据条就显现了出来，如下图所示。

下面介绍自定义格式规则的条件格式。C28 单元格除了显示公式计算出的数据外，还会在数据前出现一个图标，当数据是正数时，图标显示的箭头向上；当数据为负数时，箭头向下；当数据为 0 时，则显示向右的箭头。这种条件格式的实现方法如下。

步骤 ① 选择 C28 单元格，选择【开始】→【样式】→【条件格式】→【管理规则】选项，弹出【条件格式规则管理器】对话框。在这里可以查看、编辑或删除赋予该单元格的自定义条件格式。单击【删除规则】按钮，暂时先把该条规则删除，如下图所示。

步骤 ② 选择 C28 单元格，选择【开始】→【样式】→【条件格式】→【新建规则】选项，打开【新建格式规则】对话框，如左下图所示。

步骤 ③ 在此对话框中根据右下图进行设置，设置完成后，单击【确定】按钮即可完成自定义条件格式的操作。

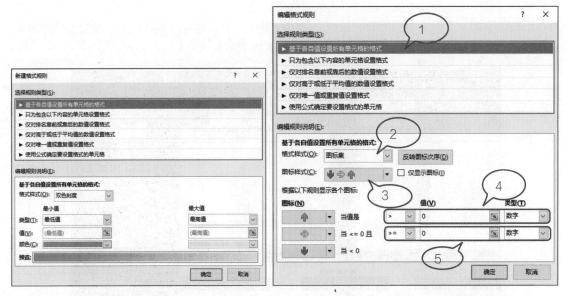

**提示：**【类型】默认设置是【百分比】，应改为【数字】，否则得不到想要的结果。

此外，在【整体情况】区域还包括 JPH 图表、JPMH 图表、事故单数量图表、客诉次数图表等，如下图所示。这些图表用到的技术主要是公式、条件格式，当然还有设置单元格属性的技巧（如字体、文字对齐方式和底色等），前面已经提及，这里不再介绍。

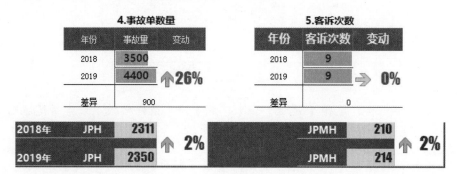

这些图表和【不良品合计】图表一样，不是真正意义上的图表，但它们却直观地表达了用户的需求，正是用户想要的数据。这就给图表设计者提供了一条思路：虽然要做图表，但不一定整个页面都是图表，凡是客户想看到的东西，都可以展示。加入这些非图表元素，会让我们的作品看起来更加美观。制作完成的【整体情况】分析区域如下图所示。

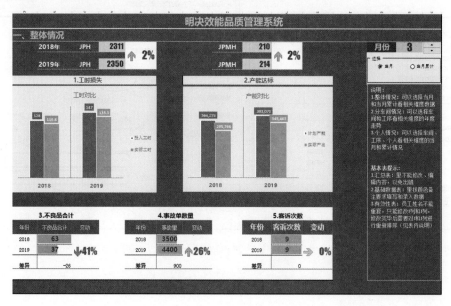

## 【分车间情况】板块

【分车间情况】区域主要包括车间和工序选项按钮、组合框控件按钮、JPH 对比、JPMH 对比显示区域、产能情况图表、不良品合计图表、事故单数量图表、客诉次数图表等。

### 8.6.1 【选项按钮】

车间、工序选项按钮与 8.5.2 节【选项按钮】制作方法相同，只是按钮上的文字及单元格链接不同。这两个按钮如下图所示。

#### 1 编辑选项按钮上的文字

在单选按钮上右击（注意，不可单击，如果单击则会选中该按钮），然后再双击单选按钮，即可进入文字编辑模式，直接输入文字即可，如下图所示。

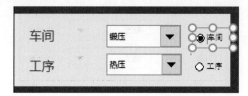

#### 2 设置单选按钮属性

设置单选按钮属性主要是设置控件与单元格的链接，设置链接后，在选择控件时，链接单元格中的值会随之改变。具体操作步骤如下。

步骤 **01** 在单选按钮上右击，选择【设置控件格式】选项，如左下图所示。

步骤 02 打开【设置控件格式】对话框，选择【控制】选项卡，设置【单元格链接】为 C38 单元格，单击【确定】按钮即可，如右下图所示。

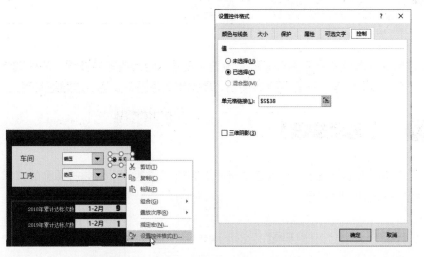

当用户选中【车间】单选按钮时，S38 单元格会显示 1，而选中【工序】单选按钮时，S38 单元格会显示 2。以后的函数可以通过访问这个单元格的内容来得知用户选择了哪一个选项。

### 8.6.2 【组合框】控件

【组合框】控件区域包含两个组合框控件，一个供用户选择车间，另一个供用户选择工序，如下图所示。

单击【开发工具】→【控件】→【插入】→【表单控件】→【组合框】按钮，并在合适的地方拖曳鼠标，即可形成一个【组合框】控件。

重复操作，绘制两个【组合框】控件，一个为【车间】组合框，另一个为【工序】组合框，依次选择组合框并右击，选择【设置控件格式】选项。

【车间】组合框的【数据源区域】选项是表格【有效性】工作表的 B2:B5 单元格区域。其【单元格链接】选项则指向 Q38 单元格，如下图所示。

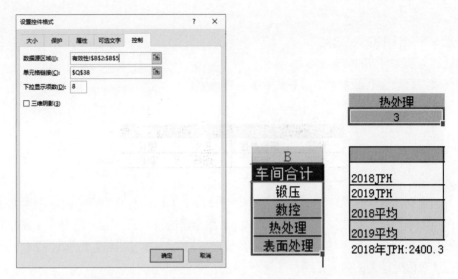

【工序】组合框的【数据源区域】选项是自定义公式"zbyxxfw"。其【单元格链接】选项则指向 R38 单元格，如下图所示。

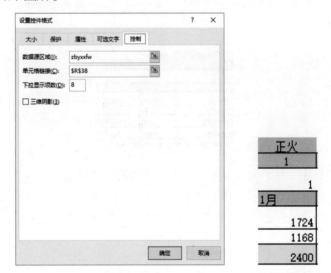

下面着重介绍公式"zbyxxfw"的情况。

zbyxxfw=IF( 汇总 !$Q$38=1, 锻压 ,IF( 汇总 !$Q$38=2, 数控 ,IF( 汇总 !$Q$38=3, 热处理 , 表面处理 )))

这个公式是个嵌套的 IF 函数，看起来比较简单，而且比较容易理解。锻压、数控、热处理和表面处理都是自定义函数，其定义分别如下：

锻压 = 有效性 !$E$2:$E$4

数控 = 有效性 !$F$2:$F$3

热处理 = 有效性 !$G$2:$G$3

表面处理 = 有效性 !$H$2:$H$3

分别代表"有效性"工作表中如下图所示的单元格。

| E | F | G | H |
|---|---|---|---|
| 锻压 | 数控 | 热处理 | 表面处理 |
| 热压 | 普通数控 | 正火 | 镀锌 |
| 整形 | 精车 | 调质 | 磷化 |
| 冲孔 | | | |

该公式的含义是如果汇总表的 Q38 单元格（【车间】组合框选取的值）=1，则返回【锻压】的各个工序；如果汇总表的 Q38 单元格（【车间】组合框选取的值）=2，则返回【数控】的各个工序；如果汇总表的 Q38 单元格（【车间】组合框选取的值）=3，则返回【热处理】的各个工序；否则，返回【表面处理】的各个工序。

这样就可以实现，随着用户更改【车间】组合框中的车间，【工序】组合框的内容会自动更改为与之对应的工序。

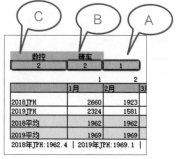

上图所示，用户对【车间】或【工序】单选按钮的选中结果反映在 A 处，对【车间】组合框的选中反映在 B 处，对【工序】组合框的选中反映在 C 处。函数或自定义公式读取 A、B 或 C 处的数据，就相当于知道了用户的选择，并根据用户的选择生成数据，进而把这些数据生成图表展示给用户。

## 8.6.3 【JPH 对比】之数据准备

制作【JPH 对比】图表时对主图数据的处理，主要用到下面的公式：

R41=IFERROR(IF($S$38=1,SUMIFS( 基础数据表 !$P:$P, 基础数据表 !$AK:$AK, 汇总 !$R4, 基础数据表 !$AL:$AL,R39, 基础数据表 !$E:$E, 汇总 !$Q$37)/SUMIFS( 基础数据表 !$J:$J, 基础数据表 !$AK:$AK, 汇总 !$R4, 基础数据表 !$AL:$AL,R39, 基础数据表 !$E:$E, 汇总 !$Q$37),SUMIFS( 基

础数据表 !$P:$P, 基础数据表 !$AK:$AK, 汇总 !$R4, 基础数据表 !$AL:$AL,R$39, 基础数据表 !$E:$E,
汇总 !Q$37, 基础数据表 !$F:$F, 汇总 !$R$37)/SUMIFS( 基础数据表 !$J:$J, 基础数据表 !$AK:$AK,
汇总 !$R4, 基础数据表 !$AL:$AL,R$39, 基础数据表 !$E:$E, 汇总 !Q$37, 基础数据表 !$F:$F, 汇
总 !$R$37)),NA())

　　这个公式看起来很长，但其逻辑并不复杂。以前由内向外来讲函数，这次由外向内层层剥离
来讲解。

　　最外层是 IFERROR 函数。该函数的功能是如果公式的计算结果错误，则返回指定的值；否则
返回公式的结果。使用 IFERROR 函数可捕获和处理公式中的错误 ( 比如被零除 )。在这里，如果
计算错误，则返回 NA()。NA() 函数返回错误值 #N/A（在单元格中也是显示 #N/A）。错误值 #N/
A 表示"无值可用"。使用 NA 标记空单元格。通过在缺少信息的单元格中输入 #N/A，可以避免
无意中将空单元格包括在计算中（当公式引用的单元格包含 #N/A 时，公式返回错误值 #N/A。）
图表发现有 #N/A 作为图表数据时，则不画出该图。意思就是这个单元格中没有数字，在图表中
不显示该单元格所代表的数据系列，仅显示其他有数据的数据系列。

　　剥离了最外层，接下来看第 2 层。

　　IF($S$38=1,SUMIFS( 基 础 数 据 表 !$P:$P, 基 础 数 据 表 !$AK:$AK, 汇 总 !$R4, 基 础 数 据
表 !$AL:$AL,R$39, 基 础 数 据 表 !$E:$E, 汇 总 !Q$37)/SUMIFS( 基 础 数 据 表 !$J:$J, 基 础 数 据
表 !$AK:$AK, 汇 总 !$R4, 基 础 数 据 表 !$AL:$AL,R$39, 基 础 数 据 表 !$E:$E, 汇 总 !Q$37),SUMIFS( 基
础数据表 !$P:$P, 基础数据表 !$AK:$AK, 汇总 !$R4, 基础数据表 !$AL:$AL,R$39, 基础数据表 !$E:$E,
汇 总 !Q$37, 基础数据表 !$F:$F, 汇 总 !$R$37)/SUMIFS( 基础数据表 !$J:$J, 基础数据表 !$AK:$AK,
汇 总 !$R4, 基础数据表 !$AL:$AL,R$39, 基础数据表 !$E:$E, 汇总 !Q$37, 基础数据表 !$F:$F, 汇
总 !$R$37))

　　第 2 层是 IF 函数。这是一个判断函数，很容易理解。意思是假如 S38 单元格的内容等于 1（第
1 个参数。S38=1 代表用户选择了【车间】单选按钮），则返回绿色底色部分的内容；否则（即
R38=2，代表用户选择了【工序】单选按钮），则返回蓝色部分的内容（第 2 个参数）的内容。
其中 R37 单元格也包含有一个公式，稍后会讲解。

　　第 3 层由两部分组成，一个是绿色部分，另一个是蓝色部分。

　　绿色部分的内容 SUMIFS( 基础数据表 !$P:$P, 基础数据表 !$AK:$AK, 汇总 !$R4, 基础数
据 表 !$AL:$AL,R$39, 基础数据表 !$E:$E, 汇总 !Q$37)/SUMIFS( 基础数据表 !$J:$J, 基础数据
表 !$AK:$AK, 汇总 !$R4, 基础数据表 !$AL:$AL,R$39, 基础数据表 !$E:$E, 汇总 !Q$37)

　　为了能看清楚，在代码中主要参数后加了一些回车，这样基本就能看清代码的结构了。

SUMIFS(

基础数据表 !$P:$P,

基础数据表 !$AK:$AK, 汇总 !$R4,

基础数据表 !$AL:$AL,R$39,

基础数据表 !$E:$E, 汇总 !$Q$37

)

/SUMIFS(

基础数据表 !$J:$J,

基础数据表 !$AK:$AK, 汇总 !$R4,

基础数据表 !$AL:$AL,R$39,

基础数据表 !$E:$E, 汇总 !$Q$37

)

绿色部分是 2 个 SUMIFS 相除。

SUMIFS 函数前面已经讲过，是对满足多个条件的某一区域求和。

第 1 个 SUMIFS 函数具体表示为：

对满足以下 3 个条件的【基础数据表】的 P 列（第 1 个参数）求和。

条件 1：【基础数据表】的 AK 列（第 2 个参数）=【汇总】表的 R4 单元格（第 3 个参数）的内容。

条件 2：【基础数据表】的 AL 列（第 4 个参数）=【汇总】表的 R39 单元格（第 5 个参数）的内容。

条件 3：【基础数据表】的 E 列（第 6 个参数）=【汇总】表的 Q37 单元格（第 7 个参数）的内容。

这里求出的是 2018 年 1 月份，用户选择某车间或者某工序的实际产能总和。

第 2 个 SUMIFS 函数具体表示为：

对满足以下 3 个条件的【基础数据表】的 J 列（第 1 个参数）求和。

条件 1：【基础数据表】的 AK 列（第 2 个参数）=【汇总】表的 R4 单元格（第 3 个参数）的内容。

条件 2：【基础数据表】的 AL 列（第 4 个参数）=【汇总】表的 R39 单元格（第 5 个参数）的内容。

条件 3：【基础数据表】的 E 列（第 6 个参数）=【汇总】表的 Q37 单元格（第 7 个参数）的内容。

这里求出的是 2018 年 1 月份，用户选择某车间或某工序的每天投入总工时的总和。

蓝色部分内容 SUMIFS( 基础数据表 !$P:$P, 基础数据表 !$AK:$AK, 汇总 !$R4, 基础数据表 !$AL:$AL,R$39, 基础数据表 !$E:$E, 汇总 !$Q$37, 基础数据表 !$F:$F, 汇总 !$R37)/SUMIFS( 基础数据表 !$J:$J, 基础数据表 !$AK:$AK, 汇总 !$R4, 基础数据表 !$AL:$AL,R$39, 基础数据表 !$E:$E, 汇总 !$Q$37, 基础数据表 !$F:$F, 汇总 !$R$37)

如法炮制，再加上回车来看代码。

```
SUMIFS(
基础数据表 !$P:$P,
基础数据表 !$AK:$AK, 汇总 !$R4,
基础数据表 !$AL:$AL,R$39,
基础数据表 !$E:$E, 汇总 !$Q$37,
基础数据表 !$F:$F, 汇总 !$R$37
)/SUMIFS(
基础数据表 !$J:$J,
基础数据表 !$AK:$AK, 汇总 !$R4,
基础数据表 !$AL:$AL,R$39,
基础数据表 !$E:$E, 汇总 !$Q$37,
基础数据表 !$F:$F, 汇总 !$R$37
)
```

这些代码比起绿色部分的代码，除数和被除数都多了如下限制条件。

条件4：【基础数据表】的F列（第8个参数）=【汇总】表的R37单元格（第9个参数）的内容。

再说说 Q37 和 R37 单元格的公式：

Q37=OFFSET( 有效性 !$E$1,, 汇总 !Q38-1,1,1)

OFFSET 函数前面也讲过，是一个位移函数。功能是从第一个参数所在的位置开始位移，位移 $X$（第2个参数）列 $Y$（第3个参数）行，从位移到的位置开始，选取 $M$（第4个参数）行 $N$（第5个参数）列的区域并把这个区域返回。

依照这个原理，查看相应数据表，耐心对应各个参数，那么 Q37 应该返回用户选择的车间名称。

R37=OFFSET( 有效性 !$E$1,R38, 汇总 !Q38-1,1,1)

同理，R37 返回用户选择的工序名称。

现在，所有的细节都讲清楚了，需要读者慢慢梳理，看看 R41 单元格的自定义公式到底能返回什么？答案：返回 2018 年 1 月某车间或某工序（用户选择的）的 JPH 值。

其他单元格的公式和此单元格相似，不再讲解。

再看 Q45 单元格。

Q45="2018 年 JPH:"&ROUND($R$43,1)&" | "&"2019 年 JPH:"&ROUND($R$44,1)&" | 同期比 "&ROUND((R44-R43)/R43*100,1)&"%"

这里用到了 ROUND 函数，该函数的功能是将小数部分四舍五入到指定的位数。

U37 单元格：

U37= AVERAGE(R41:T41)-R43

用到了 AVERAGE 函数，该函数可以返回指定区域的算数平均值。

## 8.6.4 【JPH 对比】图表

冗长的函数研究完了，用计算出的主图数据制作图表，如下图所示。

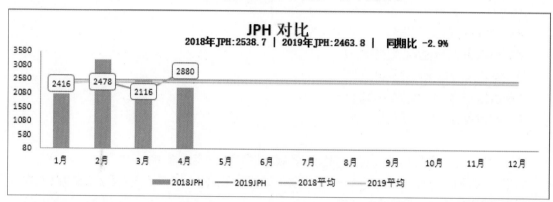

这个图表貌似复杂，实则简单，是一个组合图，是一个簇状柱形图与 3 个折线图的组合。有人会问不是有两条直线吗？怎么是折线图？答案是各折线点的数值相同，所以成了直线。代表这一年的平均值。

前面也讲过组合图的制作，方法较为复杂，这次讲解一个更加简单的方法。

**步骤 01** 选中作图数据区域 Q40:AC44，如下图所示。

| | 1月 | 2月 | 3月 | 4月 | 5月 | 6月 | 7月 | 8月 | 9月 | 10月 | 11月 | 12月 |
|---|---|---|---|---|---|---|---|---|---|---|---|---|
| 2018JPH | 2021 | 3291 | 2561 | 2268 | #N/A | #N/A | #N/A | #N/A | #N/A | #N/A | #N/A | #N/A |
| 2019JPH | 2416 | 2478 | 2116 | 2880 | #N/A | #N/A | #N/A | #N/A | #N/A | #N/A | #N/A | #N/A |
| 2018平均 | 2539 | 2539 | 2539 | 2539 | 2539 | 2539 | 2539 | 2539 | 2539 | 2539 | 2539 | 2539 |
| 2019平均 | 2464 | 2464 | 2464 | 2464 | 2464 | 2464 | 2464 | 2464 | 2464 | 2464 | 2464 | 2464 |

**步骤 02** 单击【插入】→【图表】→【二维柱形图】→【簇状柱形图】按钮，插入簇状柱形图图表，如左下图所示。选择柱形图并右击，选择【更改系列图表类型】选项，如右下图所示。

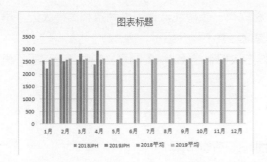 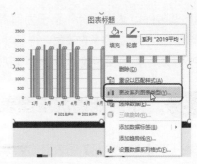

**步骤 03** 打开【更改图表类型】对话框，在左侧选择【组合】选项。在右侧把系列【2019JPH】【2018平均】和【2019平均】的图表类型均改为【折线图】，单击【确定】按钮，如下图所示。

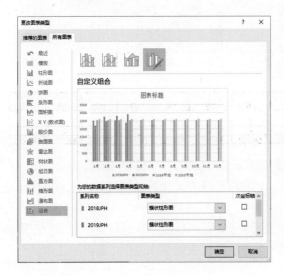 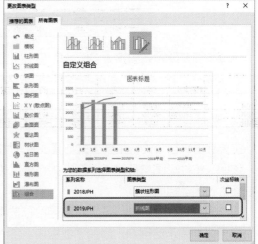

**步骤 04** 即可看到更改图表样式后的效果，如下图所示。

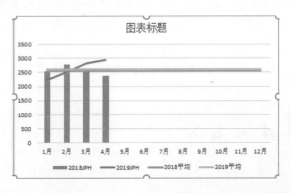

再稍作调整即可达到目标。至于为何看着只有一条横线，是因为两条线离得太近，再对此图做细微调整，即可变成最终的效果，详细步骤这里就不再介绍了。

【JPMH 对比】图表的数据源公式及制作方法和制作【JPH】图表异曲同工，这里不再赘述。

## 8.6.5 【产能情况】图表

首先看一下【产能情况】图表最终效果图，如下图所示。

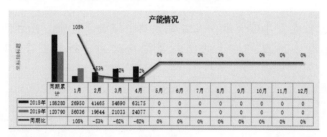

该图表的数据源区域位于 Q67:AD70，如下图所示。

| | 同期累计 | 1月 | 2月 | 3月 | 4月 | 5月 | 6月 | 7月 | 8月 | 9月 | 10月 | 11月 | 12月 |
|---|---|---|---|---|---|---|---|---|---|---|---|---|---|
| 2018年 | 186280 | 26950 | 41465 | 54690 | 63175 | 0 | 0 | 0 | 0 | 0 | 0 | 0 | 0 |
| 2019年 | 120790 | 56036 | 19644 | 21033 | 24077 | 0 | 0 | 0 | 0 | 0 | 0 | 0 | 0 |
| 同期比 | | 108% | -53% | -62% | -62% | #DIV/0! | #DIV/0! | #DIV/0! | #DIV/0! | #DIV/0! | #DIV/0! | #DIV/0! | #DIV/0! |

主要数据来自公式，主要公式与【JPF 对比】数据获取方法类似，这里不再赘述。

该图表将柱形图与折线图混合，并且将 Y 坐标轴右移形成与 X 坐标轴的交叉。主要操作方法与前面讲过的都相同。

但不同点有 3 个：如何选择不易用鼠标选中的图表元素；折线图这次选择是次坐标；在图表中为了更好地展示给用户，添加了数据表。下面就演示这个图表的制作过程，重点关注这 3 个不同点。

步骤 **01** 选择该图表的数据源区域 Q67:AD70。单击【插入】→【图表】→【二维柱形图】→【簇状柱形图】按钮。将会自动生成图表，为了更好地展示图表，可以将该图表拉宽，如下图所示。

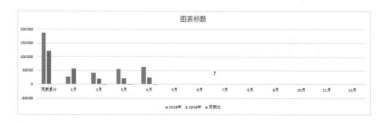

步骤 **02** 选中该图表，在【格式】选项卡下单击【图表元素】下拉按钮，在弹出的下拉列表中选择【系列"同期比"】选项，如左下图所示。

步骤 **03** 这样就把不容易被选中的系列"同期比"选中了，如右下图所示。

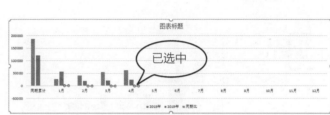

步骤 **04** 在【同期比】数据系列上右击，选择【设置数据系列格式】选项，在【设置数据系列格式】窗格中选中【次坐标轴】单选按钮，将该系列改为次坐标轴，如左下图所示。

步骤 **05** 更改系列后效果如右下图所示。

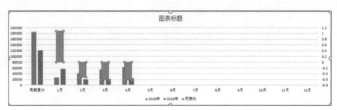

步骤 **06** 单击【插入】→【图表】→【折线图】→【二维折线图】按钮，结果如下图所示。

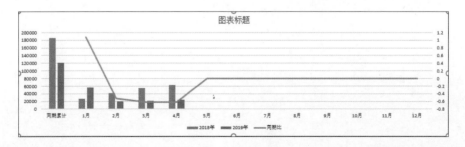

步骤 07 再次选择该图表，单击【设计】→【快速布局】→【布局5】按钮，如左下图所示。

步骤 08 即可看到更改图表布局后的效果，如右下图所示。

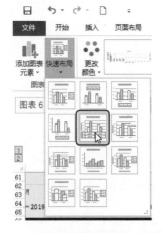

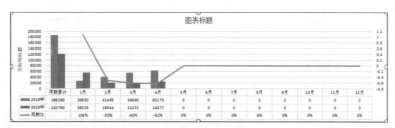

其他参数的设置这里就不再详细介绍了，读者只需要根据需要对图表进行美化即可。

至此，所有制造业生产能效与品质图表分析系统技术方面的操作已经讲解完毕，【分车间情况】区域剩下的图表及【个人业绩】区域图表的制作，请读者参考源文件自行制作。这里不再赘述。

# 9

## 高手秘籍：学习资源及图表工具

学习 Excel 图表，只有不断地吸取他人经验，才能逐步提升能力，这就需要善于利用各种学习资源。

此外，还可以借助各种工具和应用插件，不仅能提高工作效率，还能让图表变得更加高端、有档次，让工作变得更加简单、轻松。

# 充分利用学习资源

可以通过 Excel 联机帮助、图书、图表网站和博客、商业杂志网站 4 种方法充分利用学习资源。

## 9.1.1　Excel 联机帮助

Excel 软件自带有"帮助"功能，当遇到有不熟悉的操作时，可以在【帮助】中搜索相关功能，即可快速获得想要的解决方法。

当遇到问题时，如果知道应该使用什么功能，但是对这个功能不太会用，此时最好的办法也是使用 Excel 的联机帮助。Excel 的联机帮助是权威、系统且优秀的学习资源之一，因为在一般情况下，它都随同 Excel 软件一起被安装在计算机上，所以也是最可靠的学习资源。

调用 Excel 联机帮助的方法有以下 3 种。

（1）使用"告诉我您想要做什么"功能区选项卡。

在 Excel 2016 的功能区中有一个使用操作说明搜索框，默认状态下搜索框中显示"告诉我您想要做什么"，可以在其中输入与接下来的操作相关的字词或短语，快速访问要使用的功能或要执行的操作，还可以选择获取与要查找的内容相关的帮助，如下图所示。

下面来介绍一下搜索框的功能。

**步骤 01** 在搜索框中输入"创建图表"，在弹出的下拉列表中选择【创建图表】选项，如下图所示。

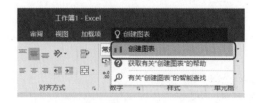

**步骤 02** 即可弹出【插入图表】对话框，在其中选择要创建的图表即可，如右图所示。

**提示：** 在创建图表时，表格中一定要有数据区域，并选择数据区域中的任意一个单元格，然后才可以执行创建图表操作，否则会弹出如下图所示的提示框。

**步骤 03** 在搜索框中输入"创建图表"，在弹出的下拉列表中选择【获取有关"创建图表"的帮助】选项，如右图所示。

**步骤 04** 即可弹出【Excel 2016 帮助】对话框，显示相关的搜索结果。若对搜索结果不满意，还可以在【搜索】文本框中输入要搜索的内容，单击【搜索】按钮，继续搜索，如右图所示。

（2）使用【F1】功能键。

除了使用搜索框调用 Excel 的联机帮助外，还可以使用【F1】功能键。

打开 Excel 工作簿后，按【F1】功能键，弹出【Excel 2016 帮助】对话框，在搜索框中输入要搜索的内容，单击【搜索】按钮即可，如下图所示。

（3）使用对话框。

在 Excel 2016 中打开任意一个对话框，如这里打开的是【设置单元格格式】对话框，单击右上角的【？】按钮，如左下图所示。即可打开【Excel 2016 帮助】对话框，并显示相关的搜索选项，如右下图所示。

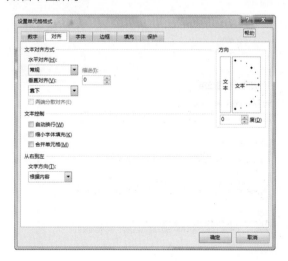

要想快速地熟悉一个领域，读书无疑是众多方法中比较实用、快捷的方法，将书中的理论与实际相结合，经过多次的实战练习，制作图表的能力一定会大大提升。下面推荐两本与图表相关的书籍，可以与本套书配套阅读。

（1）《用图表说话》，作者基恩·泽拉兹尼曾是世界著名管理咨询公司——麦肯锡公司负责形象化沟通的主管。该书是图表规范的一份指南，主要从大众需求出发，教你怎样把信息和思想变成令人信服的、有影响力的图表。

（2）《Excel 2016 应用大全》，作者是 Excel Home。它是全球极具影响力的华语 Excel 资源网站 。该书从实际应用出发，全面系统地介绍了 Excel 的应用技术，书中大量实例可以直接在工作中借鉴。

在网络飞速发展的今天，网站成为一种重要的信息传播媒介。在学习 Excel 图表制作的过程中，除了通过阅读图书获取专业知识外，还可以通过浏览专业网站，搜索所关注领域的世界上领先的博客，关注他们的最新研究动态，还可以在博客上留言问问题，与他们互动。只要善于搜索，就会拥有强大的网络学习资源。下面介绍几个优秀的网站和博客。

（1）Spreadsheet Page（www.spreadsheetpage.com）。

英文网站，全球最著名的 Excel 专家 John walkenbach 的网站。

John Walkenbach，全球顶尖的 Excel 权威专家，畅销全球的 Excel 图书作者，已经出版了 50 多本关于电子表格的图书，被业界尊称为 "Mr.spreadsheet" ——电子表格先生。

（2）Excel Home（www.excelhome.net）。

中文网站，全球极具影响力的华语 Excel 资源网站。

Excel Home 是微软在线社区联盟成员，从事 Excel 的研究与推广，拥有大量原创技术文章、模板及 Excel 教程。网站所属的 BBS 论坛（club.excelhome.net）拥有近 300 万注册会员，每天有上千人在论坛上讨论和交流有关 Excel 的各类问题，也培养出了许多 Excel 技术专家。

（3）Junk Charts（http://junkcharts.typepad.com）。

Junk Charts 指无效的垃圾图表。这个博客专门剖析报纸、杂志上的无效图表。在这个博客中可以学到什么是有效图表，什么是无效图表。

（4）PTS blog（http://peltiertech.com/WordPress）。

这个博客专注讨论 Excel 图表制作技巧，博主 John Peltier 是一位真正的图表制作高手，将

Excel 图表操作技巧演绎得出神入化。

## 9.1.4 商业杂志网站

要想制作出优秀的图表，首先要清楚什么样的图表才是优秀的图表。那些全球顶级的商业杂志，每期发行量都有数百万份之多，其中的图表不仅内容专业、严谨，外观上也很吸引他人眼球，多看多学这些图表，可以提高自己的图表欣赏水平，从而制作出更优秀的图表。下面推荐几个商业杂志网站，不必购买杂志，在网站（如商业周刊、经济学人、华尔街日报、纽约时报等）中也有很多精彩的商业图表，可直接搜索图表案例进行学习。

在学习网站上的图表案例时，如果能下载，可以将其下载下来，通过复制粘贴图表，快速完成图表的设置。

打开"素材 \ch09\ 模板 1.xlsx"文件，这是从网上下载的图表，如下图所示。

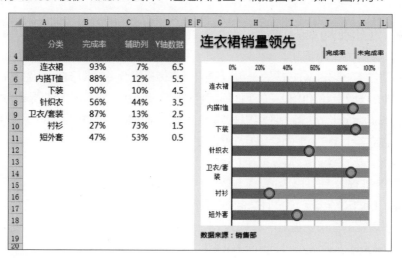

图表制作的具体操作步骤如下。

**步骤 01** 打开"素材 \ch09\ 应用模板 .xlsx"文件，选择数据区域中的任意一单元格，单击【插入】→【图表】→【簇状柱形图】按钮，创建一个柱形图，如左下图所示。

**步骤 02** 在要使用的图表案例上右击，这里选择在"模板 1"文件中的图表上右击，在弹出的快捷菜单中选择【复制】选项，如右下图所示。

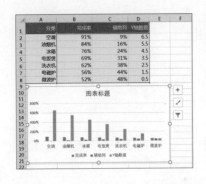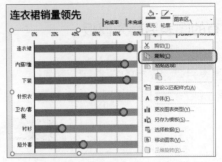

步骤 **03** 选择刚创建的簇状柱形图，按【Ctrl+V】组合键粘贴，此时可看到"模板1"文件中的图表数据和样式都被复制了，如左下图所示。

步骤 **04** 将多余的数据删除。最后使用完成率与 Y 轴数据制作散点，设置散点标记。效果如右下图所示。

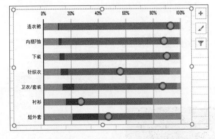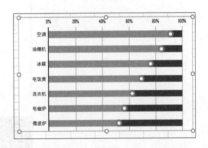

**提示:** 也可在下载的图表中直接修改数据，若数据的行数和列数有变化，重新选择数据源即可。

## 9.2 打造专属的资源库

在制作图表时，可以收藏一些优质的 Excel 图表模板、常用快捷键等资源，打造专属的资源库，这样可以使图表的制作更加简单、高效。

### 9.2.1 Excel 模板

在制作图表时，可以将一些好看的图表保存为模板，下次再制作同类型的图表时，在模板中直接修改数据即可。那么如何获取这些好看的模板呢？

## 1 将已有的图表另存为模板

将已有图表另存为模板的方法有以下两种。

（1）第一种方法是使用【另存为】对话框。

**步骤 01** 打开"素材 \ch09\ 模板 .xlsx"文件，选择【文件】→【另存为】选项，在弹出的界面中选择【这台电脑】→【浏览】选项，弹出【另存为】对话框，单击【保存类型】下拉按钮，在弹出的下拉列表中选择【Excel 模板（*.xltx）】选项，如右图所示。

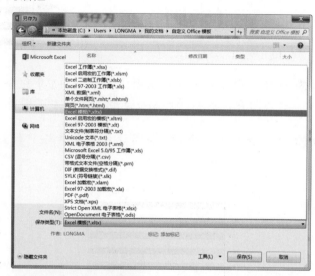

**步骤 02** 当再次启动 Excel 2016 时，在进入的界面中选择【个人】链接，此时即可看到保存的"模板"文件，如右图所示。

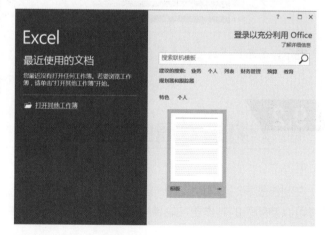

（2）第二种方法是使用【另存为模板】选项。

**步骤 01** 打开"素材 \ch09\ 模板 .xlsx"文件，在要保存为模板的图表上右击，在弹出的快捷菜单中选择【另存为模板】选项，如下图所示。

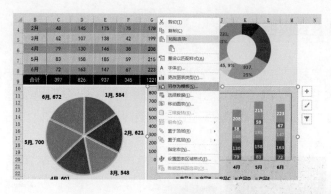

**步骤 02** 弹出【保存图表模板】对话框，设置模板名称，单击【保存】按钮即可，如右图所示。

**提示：** 在【保存图表模板】对话框中，保存模板的位置不能改，即需要保存到默认的位置。

**步骤 03** 选择【插入】选项卡【图表】选项组中的【推荐的图表】选项，弹出【插入图表】对话框，选择【所有图表】选项卡，在左侧列表中选择【模板】选项，即可看到保存的模板，单击【确定】按钮，即可使用该模板，如右图所示。

## 2 使用 Excel 在线模板

Excel 2016 提供了很多在线模板，下载这些模板，可以快速创建有内容和格式的工作簿。启动 Excel 2016 后，在进入的界面中即可看到【特色】组中 Excel 自带的模板，若对这些模板不满意，还可以在上方的"搜索联机模板"搜索框中输入要搜索的模板名称，单击【搜索】按钮即可，如下图所示。

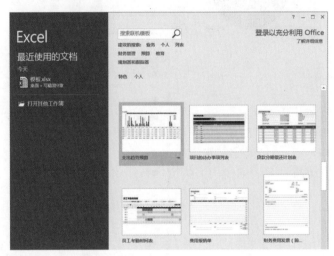

## 3 在网站中搜索 Excel 图表模板

除了将已有图表保存为模板和使用 Excel 在线模板外，还可以在网站中搜索并下载图表模板。

Vertex42 网站（www.vertex42.com）是一个优质的 Excel 模板资源网站，此网站致力于开发各种精美的 Excel 模板，包括各类数组式日历、财务报表、财务模型等，其应用范围非常广泛。里面所有的模板都设计专业，配色雅致，并且全部提供免费下载。

另外还有千图网（https://www.58pic.com/piccate/12-0-0.html）、包图网（https://ibaotu.com/excle/）等优秀的资源网站。

### 9.2.2 Excel 2016 常用快捷键

收藏一些常用快捷键，可帮助用户高效地完成图表的制作。

（1）Ctrl 组合快捷键。

| 按键 | 说明 |
| --- | --- |
| Ctrl+Shift+( | 取消隐藏选定范围内所有隐藏的行 |
| Ctrl+Shift+& | 将外框应用于选定单元格 |
| Ctrl+Shift_ | 从选定单元格删除外框 |
| Ctrl+Shift+~ | 应用"常规"数字格式 |
| Ctrl+Shift+$ | 应用带有两位小数的"货币"格式（负数放在括号中） |
| Ctrl+Shift+% | 应用不带小数位的"百分比"格式 |
| Ctrl+Shift+^ | 应用带有两位小数的科学计数格式 |
| Ctrl+Shift+# | 应用带有日、月和年的"日期"格式 |
| Ctrl+Shift+@ | 应用带有小时和分钟及 AM 或 PM 的"时间"格式 |
| Ctrl+Shift+! | 应用带有两位小数、千位分隔符和减号 (–)（用于负值）的"数值"格式 |
| Ctrl+Shift+* | 选择环绕活动单元格的当前区域 |
| Ctrl+Shift+: | 输入当前时间 |
| Ctrl+Shift+" | 将值从活动单元格上方的单元格复制到单元格或编辑栏中 |
| Ctrl+Shift+ 加号 (+) | 显示用于插入空白单元格的【插入】对话框 |
| Ctrl+ 减号 (–) | 显示用于删除选定单元格的【删除】对话框 |
| Ctrl+; | 输入当前日期 |
| Ctrl+` | 在工作表中切换显示单元格值和公式 |
| Ctrl+' | 将公式从活动单元格上方的单元格复制到单元格或编辑栏中 |
| Ctrl+1 | 显示【单元格格式】对话框 |
| Ctrl+2 | 应用或取消加粗格式设置 |
| Ctrl+3 | 应用或取消倾斜格式设置 |
| Ctrl+4 | 应用或取消下画线 |
| Ctrl+` | 在工作表中切换显示单元格值和公式 |
| Ctrl+' | 将公式从活动单元格上方的单元格复制到单元格或编辑栏中 |
| Ctrl+1 | 显示【单元格格式】对话框 |
| Ctrl+5 | 应用或取消删除线 |
| Ctrl+6 | 在隐藏对象和显示对象之间切换 |
| Ctrl+8 | 显示或隐藏大纲符号 |

| 按键 | 说明 |
|---|---|
| Ctrl+9 | 隐藏选定的行 |
| Ctrl+0 | 隐藏选定的列 |
| Ctrl+A | 选择整个工作表<br>如果工作表包含数据,按【Ctrl+A】组合键将选择当前区域。再次按【Ctrl+A】组合键将选择整个工作表 |
| Ctrl+B | 应用或取消加粗格式设置 |
| Ctrl+C | 复制选定的单元格 |
| Ctrl+D | 使用【向下填充】命令将选定范围内最顶层单元格的内容和格式复制到下面的单元格中 |
| Ctrl+F | 显示【查找和替换】对话框,其中的【查找】选项卡处于选中状态<br>按【Shift+F5】组合键也会显示此选项卡,而按【Shift+F4】组合键则会重复上一次"查找"操作 |
| Ctrl+G | 显示【定位】对话框 |
| Ctrl+H | 显示【查找和替换】对话框,其中的【替换】选项卡处于选中状态 |
| Ctrl+I | 应用或取消倾斜格式设置 |
| Ctrl+K | 为新的超链接显示【插入超链接】对话框,或为选定的现有超链接显示【编辑超链接】对话框 |
| Ctrl+N | 创建一个新的空白工作簿 |
| Ctrl+O | 显示【打开】对话框以打开或查找文件<br>按【Ctrl+Shift+O】组合键可选择所有包含批注的单元格 |
| Ctrl+R | 使用【向右填充】命令将选定范围最左边单元格的内容和格式复制到右边的单元格中 |
| Ctrl+S | 使用其当前文件名、位置和文件格式保存活动文件 |
| Ctrl+R | 使用【向右填充】命令将选定范围最左边单元格的内容和格式复制到右边的单元格中 |
| Ctrl+U | 应用或取消下画线<br>按【Ctrl+Shift+U】组合键将在展开和折叠编辑栏之间切换 |
| Ctrl+V | 在插入点处插入剪贴板的内容,并替换任何所选内容。只有在剪切或复制了对象、文本或单元格内容之后,才能使用此快捷键<br>按【Ctrl+Alt+V】组合键可显示【选择性粘贴】对话框。只有在剪切或复制了工作表或其他程序中的对象、文本或单元格内容后此快捷键才可用 |
| Ctrl+W | 关闭选定的工作簿窗口 |

| 按键 | 说明 |
|------|------|
| Ctrl+X | 剪切选定的单元格 |
| Ctrl+Y | 重复上一个命令或操作（如有可能） |
| Ctrl+Z | 使用【撤销】命令来撤销上一个命令或删除最后键入的内容 |

（2）功能键。

| 按键 | 说明 |
|------|------|
| F1 | 显示【Excel 帮助】任务窗格<br>按【Ctrl+F1】组合键将显示或隐藏功能区<br>按【Alt+F1】组合键可创建当前区域中数据的嵌入图表<br>按【Alt+Shift+F1】组合键可插入新的工作表 |
| F2 | 编辑活动单元格并将插入点放在单元格内容的结尾。如果禁止在单元格中进行编辑，它也会将插入点移到编辑栏中<br>按【Shift+F2】组合键可添加或编辑单元格批注 |
| F3 | 显示【粘贴名称】对话框，仅当工作簿中存在名称时才可用<br>按【Shift+F3】组合键将显示【插入函数】对话框 |
| F4 | 重复上一个命令或操作（如有可能）<br>按【Ctrl+F4】组合键可关闭选定的工作簿窗口<br>按【Alt+F4】组合键可关闭 Excel |
| F5 | 显示【定位】对话框<br>按【Ctrl+F5】组合键可恢复选定工作簿窗口的窗口大小 |
| F6 | 在工作表、功能区、任务窗格和缩放控件之间切换。在已拆分的工作表中，在窗格和功能区区域之间切换时，按【F6】键可包括已拆分的窗格<br>按【Shift+F6】组合键可以在工作表、缩放控件、任务窗格和功能区之间切换<br>如果打开了多个工作簿窗口，则按【Ctrl+F6】组合键可切换到下一个工作簿窗口 |
| F7 | 显示【拼写检查】对话框，以检查活动工作表或选定范围中的拼写 |
| F8 | 可执行扩展式选定 |
| F9 | 计算所有打开的工作簿中的所有工作表<br>按【Shift+F9】组合键可计算活动工作表<br>按【Ctrl+Alt+F9】组合键可计算打开的工作簿中的所有工作表<br>按【Ctrl+Alt+Shift+F9】组合键则会重新检查相关公式，然后计算所有打开的工作簿中的所有单元格，其中包括未标记为需要计算的单元格<br>按【Ctrl+F9】组合键可将工作簿窗口最小化为图标 |

| 按键 | 说明 |
|---|---|
| F10 | 打开或关闭按键提示（按【Alt】键也能实现同样目的）<br>按【Shift+F10】组合键可显示选定项目的快捷菜单<br>按【Alt+Shift+F10】组合键可显示用于"错误检查"按钮的菜单或消息<br>按【Ctrl+F10】组合键可最大化或还原选定的工作簿窗口 |
| F11 | 在单独的图表工作表中创建当前范围内数据的图表<br>按【Shift+F11】组合键可插入一个新工作表 |
| F12 | 显示【另存为】对话框 |

（3）其他快捷键。

| 按键 | 说明 |
|---|---|
| 箭头键 | 在工作表中上移、下移、左移或右移一个单元格<br>按【Ctrl+箭头键】组合键可移动到工作表中当前数据区域的边缘<br>按【Shift+箭头键】组合键可将单元格的选定范围扩大一个单元格<br>按【Ctrl+Shift+箭头键】组合键可将单元格的选定范围扩展到活动单元格所在列或行中的最后一个非空单元格，或者如果下一个单元格为空，则将选定范围扩展到下一个非空单元格 |
| Backspace | 在编辑栏中删除左边的一个字符<br>也可清除活动单元格的内容<br>在单元格编辑模式下，按该键将会删除插入点左边的字符 |
| Delete | 从选定单元格中删除单元格内容（数据和公式），而不会影响单元格格式或批注<br>在单元格编辑模式下，按该键将会删除插入点右边的字符 |
| End | 按【End】键可启用结束模式。在结束模式中，可以按某个箭头键来移至下一个非空白单元格（与活动单元格位于同一列或同一行）。如果单元格为空，请按【End】键之后按箭头键来移至该行或该列的最后一个单元格<br>当菜单或子菜单处于可见状态时，【End】键也可选择菜单上的最后一个命令<br>按【Ctrl+End】组合键可移至工作表上的最后一个单元格，即所使用的最下面一行与所使用的最右边一列的交汇单元格。如果光标位于编辑栏中，则按【Ctrl+End】组合键将光标移至文本的末尾<br>按【Ctrl+Shift+End】组合键可将单元格选定区域扩展到工作表上所使用的最后一个单元格（位于右下角）。如果光标位于编辑栏中，则按【Ctrl+Shift+End】组合键可选择编辑栏中从光标所在位置到末尾处的所有文本 |

| 按键 | 说明 |
|---|---|
| Enter | 从单元格或编辑栏中完成单元格输入，并（默认）选择下面的单元格<br>在数据表单中，按该键可移动到下一条记录中的第一个字段<br>在对话框中，按该键可执行对话框中默认命令按钮的操作<br>按【Alt+Enter】组合键可在同一单元格中另起一个新行<br>按【Ctrl+Enter】组合键可使用当前条目填充选定的单元格区域<br>按【Shift+Enter】组合键可完成单元格输入并选择上面的单元格 |
| Esc | 取消单元格或编辑栏中的输入<br>关闭打开的菜单或子菜单、对话框或消息窗口<br>在应用全屏模式时，按该键还可以关闭此模式，返回到普通屏幕模式，再次显示功能区和状态栏 |
| Home | 移到工作表中某一行的开头<br>按【Ctrl+Home】组合键可移到工作表的开头<br>按【Ctrl+Shift+Home】组合键可将单元格的选定范围扩展到工作表的开头 |
| Page Down | 在工作表中下移一个屏幕<br>按【Alt+Page Down】组合键可在工作表中向右移动一个屏幕<br>按【Ctrl+Page Down】组合键可移到工作簿中的下一个工作表<br>按【Ctrl+Shift+Page Down】组合键可选择工作簿中的当前和下一个工作表 |
| Page Up | 在工作表中上移一个屏幕<br>按【Alt+Page Up】组合键可在工作表中向左移动一个屏幕<br>按【Ctrl+Page Up】组合键可移到工作簿中的上一个工作表<br>按【Ctrl+Shift+Page Up】组合键可选择工作簿中的当前和上一个工作表 |
| 空格键 | 在对话框中，执行选定按钮的操作，选中或清除复选框<br>按【Ctrl+ 空格键】组合键可选择工作表中的整列<br>按【Shift+ 空格键】组合键可选择工作表中的整行<br>按【Ctrl+Shift+ 空格键】组合键可选择整个工作表<br>如果工作表中包含数据，则按【Ctrl+Shift+ 空格键】组合键将选择当前区域，再按一次【Ctrl+Shift+ 空格键】组合键将选择当前区域及其汇总行，第三次按【Ctrl+Shift+ 空格键】组合键将选择整个工作表 |
| Tab | 在工作表中向右移动一个单元格<br>在受保护的工作表中，可在未锁定的单元格之间移动<br>在对话框中，移到下一个选项或选项组<br>按【Shift+Tab】组合键可移到前一个单元格或前一个选项（在对话框中）<br>在对话框中，按【Ctrl+Tab】组合键可切换到下一个选项卡<br>在对话框中，按【Ctrl+Shift+Tab】组合键可切换到前一个选项卡 |

# 巧用工具，工作效率提升 90%

在 Excel 的应用中，人们发现使用 Excel 自带的功能有许多效果难以实现，因此便有了各种各样工具和插件，这些工具和插件极大地扩展了 Excel 的功能，使用户可以更好地使用 Excel。

## 9.3.1　Excel 中的应用商店

Office 提供了官方的应用商店，类似于苹果应用商店和安卓市场。在应用商店中，通过搜索和分类索引，可以找到一些有趣的插件。

步骤 01 单击【插入】选项卡下【加载项】选项组中的【应用商店】按钮，如右图所示。

步骤 02 弹出【Office 相关加载项】对话框，可以添加相关的插件，如右图所示。

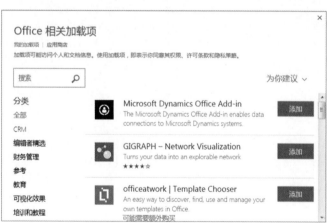

下面介绍几款常用的插件。

## 1　Bubbles

Bubbles 是一款简约便捷的气泡图插件。在 Excel 应用商店中搜索并添加到 Excel 中即可使用。

在 Excel 表格中选中要生成气泡图的数据，使用该插件，即可秒变气泡图，并且气泡可以随意移动，如下图所示。

## 2 Gauge

Gauge 是一种拟物化图表工具，可以一键生成漂亮的类似汽车仪表板式的图表。刻度表示度量，指针表示维度，指针角度表示数值，如下图所示。

## 3 Radial bar chart

使用 Radial bar chart 插件，可制作出环状条形图，如下图所示。

## ④ People Graph

People Graph 是一款人物图像图表插件，通过形象的图形来表达一系列数据，可以使图表更加生动、直观。People Graph 有多种类型可供选择，可以满足用户的各种需求。并且 People Graph 的使用方法非常简单，只需要在表格中修改数字，图中的人形和占比就会自动变化，如下图所示。

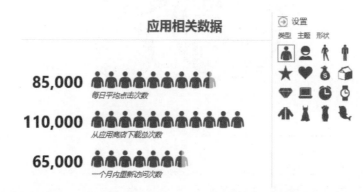

另外，用户还可以在 www.iconfinder.com 网站中寻找更多更有趣的图表，如下图所示。

### 9.3.2 综合应用插件

在 Excel 中还有一些综合性的应用插件，如 Excel 易用宝、慧办公等。

## 1　Excel 易用宝

Excel 易用宝是由 Excel Home 开发的一款 Excel 功能扩展工具软件，可用于 Windows 平台中的 Excel 2003 到 Excel2016 的所有版本。Excel 易用宝以提升 Excel 的操作效率为宗旨。针对 Excel 用户在数据处理与分析过程中的多项常用需求，Excel 易用宝集成了数十个功能模块，让烦琐或难以实现的操作变得简单可行，甚至能够一键完成。下载地址为 http://yyb.excelhome.net/，下载完成后，再次启动 Excel，易用宝即可自动载入其中，并显示在 Excel 功能区独立的选项卡上，如下图所示。

## 2　慧办公

慧办公软件是增强 Office 办公效率的辅助工具，通过该软件可以十倍、百倍地提高办公效率。该软件操作简单，就像使用傻瓜相机一样，一键就可以将很复杂的数据处理工作交给计算机自动完成。慧办公软件里面包含数十个实用的部件，多个批处理功能，如批量合并、批量命名、批量删除、批量打印、批量克隆、批量导出、批量插图等，如下图所示。

## 9.3.3　图表插件

下面介绍几款常用的图表插件，使用这些插件，可以大大提高制作图表的效率。

### 1　图表增强插件——EasyCharts

EasyCharts 是 EasyCharts 团队使用 C 语言编写的一款 Excel 插件，主要用于数据可视化与数据分析，主要实现的功能如下：图表风格的自动转换、颜色主题的自动转换、新型图表的自动绘制、数据分析的自动实现等。下图所示为在 EasyCharts 中集成的新型图表。

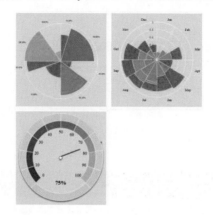

## ② 取色工具——ColorPix

ColorPix 是一款取色工具，在网络上看到漂亮图表时，可以借鉴它们的配色方案，用此工具取出图表颜色的 RGB 值。软件的用户体验非常好，选定区域按【M】键即可锁定取色，在软件界面上单击颜色代码即可复制，如下图所示。

## 9.4 图表的打印

创建好的图表通常会用于商务报告，但有时也需要打印出来供大家查看或审核。在打印图表时，可根据需要设置图表的打印范围。

## 9.4.1 只打印图表

一般情况下，图表和数据表是在一张工作表中的，若只需要打印图表，可以先把图表移动到新的工作表中，然后再进行打印。

打开"素材 \ch09\ 模板 .xlsx"文件，选中要打印的图表，选择【文件】→【打印】选项，在进入的【打印】页面中即可预览打印效果，选择要使用的打印机，设置打印份数，单击【打印】按钮即可，如下图所示。

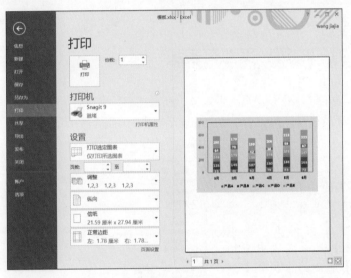

## 9.4.2 打印网格线

在打印 Excel 表格时默认不打印网格线，如果表格中没有设置边框，可以在打印时将网格线显示出来。具体操作步骤如下。

**步骤 01** 打开"素材 \ch09\ 客户信息管理表 .xlsx"文件，选择【页面布局】选项卡下【页面设置】选项组中的【页面设置】按钮。在【页面设置】对话框中选择【工作表】选项卡，选中【打印】选项组中的【网格线】复选框，单击【打印预览】按钮，如左下图所示。

**步骤 02** 即可看到设置的打印效果，如右下图所示。

## 9.4.3 打印的每一页都有表头

在打印 Excel 表格时，有时表格内容太多，在预览打印效果时，可看到表格的表头信息只显示在第一页上，为了让表头信息在每一页上都显示出来，可进行打印设置。具体操作步骤如下。

步骤 01 接着上一节的内容继续操作，在【页面设置】对话框中，选择【工作表】选项卡，单击【打印标题】选项区域中【顶端标题行】右侧的【折叠】按钮，如右图所示。

步骤 02 弹出【页面设置－顶端标题行】对话框，选择第 1 行，单击【展开】按钮，如右图所示。

步骤 03 返回【页面设置】对话框，单击【打印预览】按钮，如下图所示。

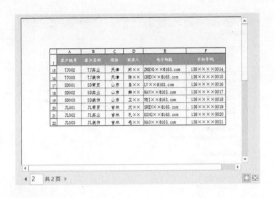

# 9.5 图表输出与分享

图表创建完成后，除了可以以打印的形式输出，也可以以图片的形式输出，还可以将整张工作表与他人共享。

## 9.5.1 检查图表

在输出与分享图表之前，首先要检查图表，包括检查图表中的批注是否合适，检查隐藏的行、列及工作表，检查公式中是否存在指向其他文件的链接，检查文档属性和个人信息是否正确等。具体操作步骤如下。

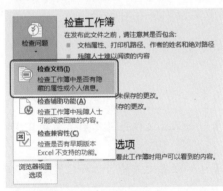

步骤 01 单击【文件】→【信息】→【检查问题】按钮，在弹出的下拉列表中选择【检查文档】选项，即可检查文档，如右图所示。

步骤 02 弹出【文档检查器】对话框，单击【检查】按钮，即可开始检查，若文档中包含指向其他文件的链接，则会出现如下图所示的界面。

当你把做好的图表发给他人时，如果文档中存在指向其他文件的链接，就很容易造成数据的丢失。可以通过"编辑链接"来避免发生这情况。

**步骤 01** 接着上面的步骤继续操作，单击【关闭】按钮，关闭【文档检查器】对话框，单击【数据】选项卡【连接】组中的【编辑链接】按钮，如右图所示。

**步骤 02** 弹出【编辑链接】对话框，单击【断开链接】按钮，如右图所示。

**提示**

【更新值】：如果源文件位置发生了变动且能找到，单击该按钮，数据会根据源文件内容的变化而变化。

【更改源】：如果源文件的名称和位置发生了变动且能找到，单击该按钮，可重新链接新的源文件。

【打开源文件】：如果源文件位置发生了变动且能找到，单击该按钮，可重新链接源文件。

【断开链接】：单击该按钮，可断开文件与源文件之间的链接，在本案例中，单元格中的公式直接变成了数值。

步骤 **03** 即可将文档中的链接删除，并将公式变为数值，如下图所示。

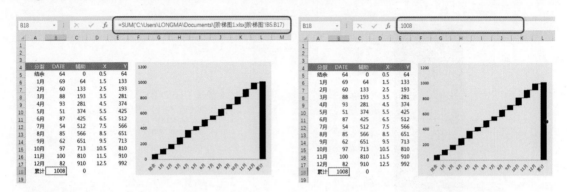

将图表输出为图片的方法有以下两种。

## 1　将图表导出为 PDF 格式（文档）

首先将要输出的图表移动到新工作表中，在移动图表之后，使用 Excel 的导出功能，将只包含图表的新工作表导出为 PDF 格式即可。

（1）移动图表。

在要输出的图表上右击，在弹出的快捷菜单中选择【移动图表】选项，如左下图所示。将图表移至新工作表中，如右下图所示。

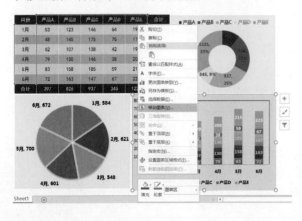

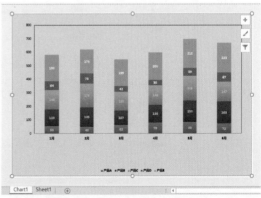

（2）将图表导出为 PDF 格式（文档）。

单击【文件】→【导出】→【创建 PDF/XPS 文档】→【创建 PDF/XPS】按钮，如下图所示，即可将图表导出为 PDF 格式。

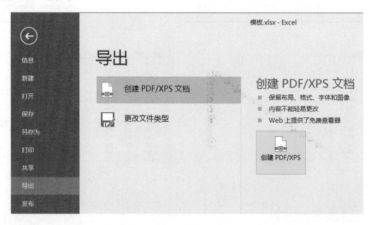

## 2 复制图表到画图工具中

将要输出的图表转移到画图工具中，然后再在画图工具中将其另存为图片输出。

在"模板"文件中选中要输出的图表，按【Ctrl+C】组合键复制图表，打开系统自带的画图工具，按【Ctrl+V】组合键粘贴图表，选择【画图】→【另存为】→【PNG 图片】选项，即可将图表以图片的形式保存下来，如下图所示。

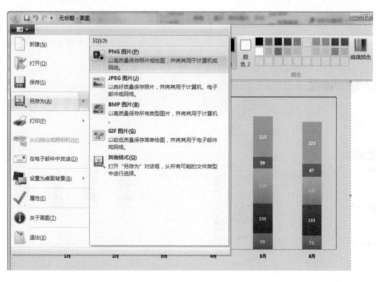

## 3 使用代码快速将图表导出为图片

在 Excel 中使用 VBA 代码，即可一键将图表导出为图片。

首先选中要导出的图表，然后单击【开发工具】选项卡下【代码】选项组中的【VisualBasic】按钮。在弹出的代码窗口中输入如下代码：

```
Sub ExportChart()
    ActiveChart.Export ThisWorkbook.Path & "\" & _
            Format(Now(), "yymmddhhmm") & ".png","png"
End Sub
```

**提示**

ActiveChart.Export 指导出当前活动图表。

ThisWorkbook.Path 指当前工作簿的路径。

Format(Now(),"yymmddhhmm") 指格式为"年年月月日日时时分分"的当前时间，以此命名图片文件，一般不会有重复。

png 是图片格式，也是后缀名。

## 9.5.3 图表的共享

在图表制作完成后，可以使用 Excel 的共享功能，与他人共享图表。具体操作步骤如下。

**步骤 01** 打开"素材 \ch09\ 模板 .xlsx"文件，单击窗口右上角的【共享】按钮。打开【共享】任务窗格，单击【保存到云】按钮，如下图所示。

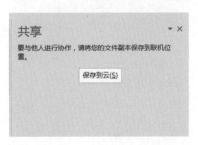

**提示：** 在执行此操作之前，需要提前登录 Microsoft 账户。

**步骤 02** 选择【OneDrive- 个人】选项，在右侧界面中选择要保存的文件夹，将文档保存到 OneDrive 中，如下图所示。

步骤 ⑬ 返回 Excel 的【共享】任务窗格界面，在【邀请人员】文本框中输入被邀请人的邮箱地址，单击【共享】按钮，即可完成共享，如下图所示。